W0191443

Andreas Romberg
Martin Haas

Der Anlaufmanager
Effizient arbeiten
mit Führungssystem und Workflow

Von der Produktidee bis zur Serie

Cartoons von Dieter Hermenau

LOG_X

CIP-Anmeldung unter

Andreas Romberg und Martin Haas:
Der Anlaufmanager.
Effizient arbeiten mit Führungssystem und Workflow – Von der Produktidee bis zur Serie
Cartoons von Dieter Hermenau
Stuttgart: LOG_X Verlag GmbH 2005

ISBN 3-932298-26-8

Das Werk einschließlich aller seiner Teile ist urheberrechtlich geschützt. Jede Verwertung ist ohne Zustimmung des Verlages unzulässig. Das gilt insbesondere für Vervielfältigungen, Übersetzungen, Mikroverfilmungen und die Einspeicherung und Verarbeitung in elektronischen Systemen.

© Copyright 2005 LOG_X Verlag GmbH, Stuttgart.

Layout, Satz und Umschlaggestaltung: Jürgen G. Rothfuß, Neckarwestheim
Projektmanagement: Michael Rohn
Druck und Buchbindung: Rondo Druck, Roßwälden
Printed in Germany

Der Inhalt auf einen Blick

 Kapitel 1
Anlaufmanagement – Die Herausforderung

 Kapitel 2
Anlaufmanagement – Der Blick auf's Ganze

 Kapitel 3
Anlaufmanagement – Handlungsfelder und Aufgaben

 Kapitel 4
Anläufe sicher managen – Ausgewählte Methoden

 Kapitel 5
Prozesse entwickeln – intern und extern

Wie Sie sehen, haben wir für jedes der fünf Kapitel ein eigenes Icon, eine Art „Eyecatcher" entwickelt. Dieses Icon wird Ihnen innerhalb eines Kapitels an verschiedenen Stellen begegnen – um Ihnen dezente Hinweise zu geben, wenn etwas besonders wichtig, spannend, knifflig oder nachdenkenswert ist.

Aber wir haben es auch eingesetzt, wenn wir auf ein interessantes Beispiel aus der Praxis gestoßen sind, das wir Ihnen nicht vorenthalten möchten.

Inhaltsübersicht

Vorwort

Kapitel 1
Anlaufmanagement – Die Herausforderung

Kapitel 2
Anlaufmanagement – Der Blick auf's Ganze

Kapitel 3
Der Anlaufmanager – Handlungsfelder und Aufgaben

Vorwort

Ganzheitlich denken
Präventiv planen
Adaptiv handeln

Technisch anspruchsvolle, hochwertige Produkte erfordern komplexe Prozesse von Entwicklung, Planung und Produktion. Die Integration von Einzelprozessen ist eine Herausforderung, der sich nahezu alle Bereiche eines Unternehmens stellen müssen.

Das Anlaufmanagement der Staufen Akademie ist ein strategisches und operatives Konzept. Es fasst alle Aktivitäten des mehrstufigen Produktentstehungsprozesses zusammen – von der Produktidee bzw. dem -konzept bis zum gebrauchssicheren und serienreifen Erzeugnis. „Aktivitäten" meint: übergeordnete Planung, Umsetzung und Sicherung von Zielsetzung und Anforderungen, Planungsvorgaben und Ergebnissen.

Anlaufmanagement als Paradigma für Prozessinnovation

Hersteller und Lieferanten sind herausgefordert. Denn der Verdrängungswettbewerb wird zunehmend härter. Schnelle Produkt- und Modellwechsel (insbesondere in der Automobilindustrie), der steigende Kostendruck, aber auch die zunehmende Sensibilität von Kunden bei der Markteinführung neuer Produkte, was Nutzen und Mängel anbelangt, zwingen zu neuen Strategien, Methoden und Prozessen bei der Herstellung funktions- und qualitätssicherer Produkte.

Sechs strategische Zielfaktoren charakterisieren die Anforderungen an Produkte und Prozesse:

* *Effektivität* hinsichtlich des erwarteten Produktnutzens,
* *Effizienz* von Zeit und Kosten der geplanten Prozesse,
* *Qualität* als nachhaltiger Wert des Produktes und der Dienstleistung,
* *Flexibilität* gegenüber Veränderungen der Märkte sowie technischen Verbesserungen,
* *Adaptivität* der Produktionssysteme für Varianten und Modelle und
* *Ergebnissicherheit* von der Zielplanung bis zum „Produkt in Kundenhand".

Damit sind Produktion und Service/Kundenbetreuung integrale Bestandteile des Produktentstehungsprozesses – vom Lastenheft bis zum „Produkt in Kundenhand". Anlaufmanagement wird somit zu der Herausforderung, in Unternehmen hochkomplexe Prozesse zur Produktion multifunktionaler, automatisierter Produktsysteme in Netzwerken mit verteilten Aufgaben und Verantwortungen zu integrieren.

Anlaufmanagement verknüpft dieses Prozessnetzwerk mit einer ganzheitlichen Methodik des Managements. Management lässt sich als logische Kette von *Führung* → *Ziele* → *Strategie* → *Struktur* → *Prozess* definieren. Diese Kette folgt einem Top-down- und Bottom-up-Zyklus. Anlaufmanagement zielt auf ein evolutionäres Gestaltungskonzept, das im Multiprojektmanagement alle Prozesse umfasst – von der Idee bis zum zufriedenen Kunden.

Professor Dr.-Ing. Günter Warnecke
Kaiserslautern im April 2005

Kapitel 1
Anlaufmanagement – Die Herausforderung

A-nfangen. Warum Sie das Thema Anlaufmanagement proaktiv angehen sollten.

B-eherzigen. Wir zeigen Ihnen, aus welchen Gründen Anlaufprojekte häufig scheitern. Nicht zur Nachahmung empfohlen.

C-hecken. Wie sichere Anlaufprozesse aussehen.

1.1 Die aktuellen Herausforderungen
Immer mehr. Immer schneller. Immer komplexer.

„Serienfertigung ist die Kunst, das Unmögliche möglich zu machen." So ähnlich könnte man die aktuelle Situation vieler Unternehmen beschreiben, die Teile, Module oder komplexe Produkte in Serie produzieren.

Dominierten in den vergangenen Jahren insbesondere Themen wie Individualisierung, Variantenreichtum, starke Stückzahlschwankungen oder die allfällige Kostensenkung, so zeichnet sich heute eine neue Herausforderung ab.

Die Verbrauchermärkte werden immer schnelllebiger. Kaum ist ein Produkt am Markt, wird schon der Nachfolger lanciert. Und der Nachfolger vom Nachfolger. Ob dieses Phänomen tatsächlich marktgetrieben ist, oder eher von den Marketingstrategen der Konsumgüterindustrie künstlich hervorgerufen wird, sei dahingestellt. Fakt ist: Die Produktion muss inzwischen in allen Branchen mit extrem kurzen Produktlebenszyklen zurechtkommen. Tendenz steigend (siehe Abb. 1).

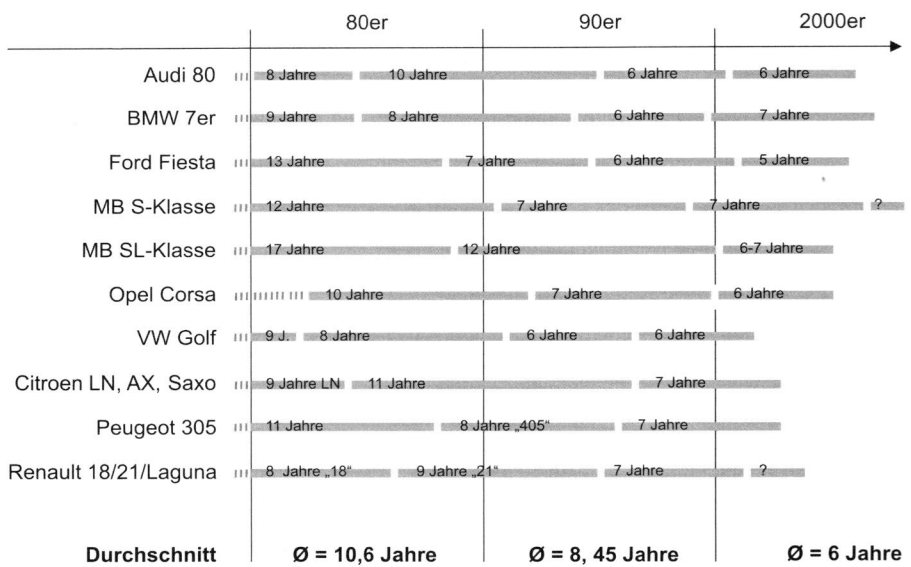

Abb. 1: Verkürzte Modellzyklen ausgewählter Automobilserien 1980-2007 (Quelle: Autoforum 2002)

- Die Modellzyklen im Automobilbau haben sich während der letzten 20 Jahre um ca. vier Jahre verkürzt.
- Gleichzeitig hat sich das Angebotsspektrum im Schnitt um 25 Prozent auf knapp acht Modelle pro Marke erweitert. Für 2005 prognostiziert McKinsey bereits durchschnittlich zwei Produktanläufe pro Hersteller und Jahr, während es 1990 nur 0,7 waren.

Auch die Variantenvielfalt nimmt zu. Nicht ein bisschen, sondern dramatisch. In 2000 waren beispielsweise von 450.000 Fahrzeugen einer Baureihe nur zwei identisch. Variantenvielfalt sorgt angeblich für mehr Absatz. Aber seit Jahren gibt es eine breite Diskussion über Sinn und Unsinn der Variantenvielfalt. Zwei Lager kann man ausmachen, die sich diametral gegenüberstehen: Die einen verurteilen den Variantenrausch grundsätzlich – die anderen sehen in der Fähigkeit, viele Varianten zu beherrschen, ein strategisches Differenzierungsmerkmal, weil detaillierte Kundenbedürfnisse befriedigt werden.

Hohe Variantenvielfalt aber treibt die Kosten in allen Teilprozessen der Wertschöpfung in die Höhe. Wildemann (Wildemann 1990) spricht davon, dass die Verdoppelung der Variantenzahl innerhalb einer Baureihe eine Steigerung der Stückkosten um 20 bis 30% bewirkt.

Immer mehr Neuanläufe

Die Herausforderung liegt vor allem in der Vielzahl der Neuanläufe – Resultat von Produktvielfalt und Nischenprodukten. „Wir werden in den kommenden drei Jahren bei der Mercedes Car Group 13 neue Autos vorstellen." So die Aussage des CEO von DaimlerChrysler, Jürgen Schrempp, zur Modelloffensive 2006. Dies bedeutet noch etwas konkreter: Je Auto sind ca. 800 Neuanläufe zu managen. Abbildung 2 illustriert rückblickend die stetig wachsende Anzahl an Anläufen bei DaimlerChrysler.

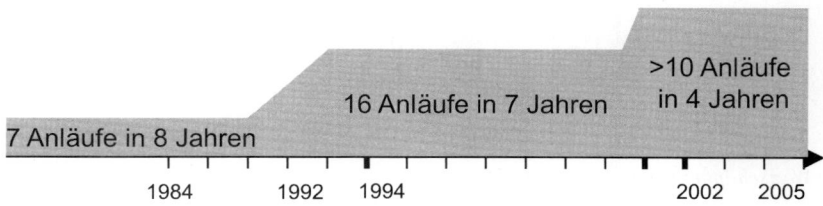

Abb. 2: Anzahl der Serienanläufe bei DaimlerChrysler

 Neuprojekte im Dreimonatstakt: Karmann

Automobil-Gesamtprojektpartner wie Karmann profitieren vom zunehmenden Outsourcing der OEMs. In nur 16 Monaten wurden fünf völlig neue Produkte an die Kunden ausgeliefert. Vier davon wurden sogar parallel in nur sechs Monaten aufgelegt.

Fünf neue Projekte in 16 Monaten vorzustellen, davon vier in nur sechs Monaten, gilt im Branchenvergleich als außergewöhnliche Leistung. „Möglich wurde dies durch ein durchgängiges System des Projektmanagements in fünf unterschiedlichen Teams und einer effizienten Multiprojektsteuerung." (Quelle: Produktion 13.3.03, S. 8)

Die Dimension der Herausforderung wird deutlich, wenn man sich das folgende Zitat vor Augen führt: „Mehr als die Hälfte der Serienanläufe in der europäischen Automobilzulieferindustrie erreichen ihre technischen Ziele nicht." (St. Galler Studie zum Anlaufmanagement, 2004).

Wenn die Zahl der Anläufe stark steigt und die Hälfte dieser Anläufe scheitert, liegen die wirtschaftlichen Konsequenzen auf der Hand. Teure Rückrufe, Gewährleistungen oder entgangene Umsätze können ein mittelständisches Unternehmen in seiner Existenz bedrohen.

Die Automobilindustrie – ein Sonderfall?

Eine Vorreiterrolle nimmt sicherlich die Automobilindustrie ein – in vielerlei Hinsicht, kommen hier doch Entwicklungen zum Tragen, die später in anderen Branchen in ähnlicher Weise umgesetzt werden.

Neben der steigenden Vielfalt an Modellen und Varianten, den immer kürzeren Lebenszyklen, wirkt sich vor allem die massive Verschiebung von Wertschöpfungsanteilen auf die Serienanläufe bei Zulieferbetrieben aus.

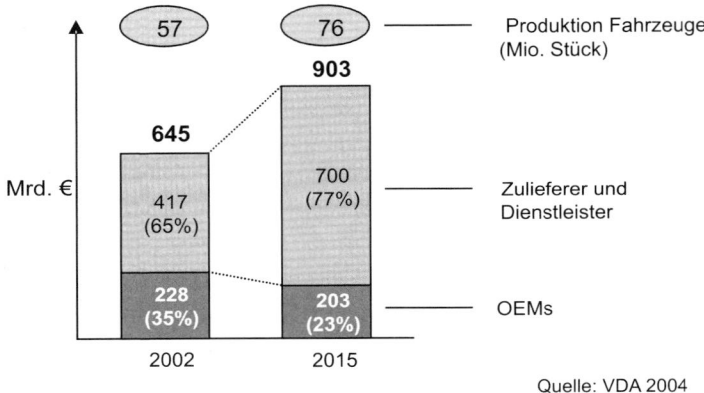

Abb. 3: Wertschöpfungsanteile 2002 bis 2015

Nach der Studie „Future Automotive Industry Structure (FAST) 2015" übernehmen die Zulieferer künftig „mehr als 75 % der Entwicklung und Produktion und können ihre Wertschöpfung bis 2015 fast verdoppeln" (VDA 2004). Praktisch übernehmen die Zulieferer die Verantwortung für ganze Module, deren Komplexität ihre bisherige Kompetenz weit übertrifft. In diesem Zusammenhang drohen insbesondere die Serienanläufe zur Achillesferse zu werden: Neben der Produktkompetenz muss auch umfangreiche Prozesskompetenz aufgebaut werden. Beispiele wären hierfür

- Einbindung Lieferanten
- Funktionsverantwortung
- Schnittstellen

Dafür gibt es keine Erfahrungswerte. Konnte man in der Vergangenheit auch knifflige Anläufe kraft eigener Erfahrung noch retten, wird dies in Zukunft immer schwieriger.

Nicht zuletzt deshalb steht das Thema „Anlaufoptimierung" auf der Agenda der „Muss-Themen" ganz oben. Die Automobilindustrie nimmt seit jeher eine Vorreiterrolle ein – denken Sie beispielsweise nur an das Thema „Ganzheitliche Produktionssysteme" oder „Digitale Fabrik". Auch der Einsatz, das Anpassen und Weiterentwickeln von Methoden zur Anlaufoptimierung ist in dieser Branche wichtig.

Nun wendet sich dieses Buch nicht ausschließlich an die Automobilindustrie, sondern an alle Serienfertiger – produkt- und branchenübergreifend. Aber auch hier konstatieren wir: Die Situation ist vergleichbar.

Der Serienanlauf

Ehe wir uns dem Thema aus Prozesssicht nähern, wollen wir zunächst einmal die naheliegende Frage beantworten, was denn genau ein Serienanlauf ist.

Die Serienfertigung ist ein klassisches Feld wirtschaftlicher Produktion. Bestellte oder zumindest prognostizierbare Stückzahlen eines Produktes werden hintereinander, in Serie, gefertigt – bei jedem Produkt, das die Produktion verlässt, „klingelt die Kasse". So ähnlich stellt sich der Laie die Serienproduktion vor. Leider sieht die Praxis anders aus.

Wenn die Serienproduktion läuft, ergeben sich zahlreiche rechnerische, organisatorische und wirtschaftliche Herausforderungen. Wenn die Produktion läuft – das Problem ist häufig nur, *bis* sie läuft! Tatsächlich benötigt die Serienproduktion ein überaus komplexes Arbeitssystem, in dem die einzelnen „Rädchen" (Faktoren, Komponenten) perfekt ineinander greifen müssen. So ähnlich wie eine neue Maschine zunächst geplant, konstruiert und dann schrittweise so zusammengebaut werden muss, dass sie tatsächlich läuft, so ähnlich muss auch die Serienproduktion geplant, „konstruiert" und aufgebaut werden. Bevor die Produktion läuft, muss sie „anlaufen", auf „Betriebstempo" kommen. Und genau hier, im Serienanlauf, entscheidet sich, ob eine Serienproduktion je wirtschaftlich werden kann – oder nicht. (Genauer gesagt, entscheidet sich diese Frage schon früher, weil nicht nur die Prozesse, sondern auch das Produkt einen nicht zu unterschätzenden Einfluss darauf ausüben!)

1.2 SOP – der neuralgische Punkt
Anlauf ist mehr als Hochlauf

Gestatten Sie an dieser Stelle zunächst eine Begriffsschärfung (damit Sie wissen, worüber wir im Folgenden sprechen werden, und um Missverständnisse zu vermeiden).

„Anlauf" – ein häufig falsch verwendeter Begriff

Häufig wird als Produktions- oder Serienanlauf die Phase des eigentlichen Hochlaufs der Produktion bis zum Erreichen der Kammlinie bezeichnet. Also die Zeitstrecke nach dem Start-of-Production (SOP) bis zum stabilen Betrieb.

Ein konkretes und aktuelles Beispiel: „Anläufe werden auch heute schon erfolgreich optimiert, wie das Beispiel von DaimlerChrysler mit der Einführung der E-Klasse zeigt, bei der die Kammlinie bereits drei bis vier Monate nach SOP erreicht wurde." (FAST 2015, S. 138) Flankiert wird diese Beschreibung durch eine Abbildung (siehe Abb. 4). Hier ist von Hochlauf die Rede – nicht von Anlauf.

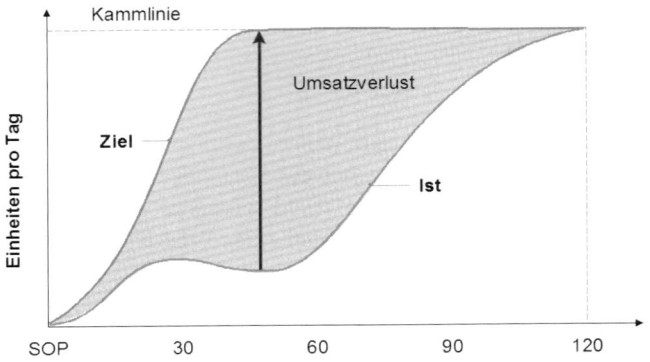

Abb. 4: Hochlauf ab SOP

Diese Sichtweise ist unserer Meinung nach zu eingeschränkt. Denn Anlaufmanagement ist mehr als „Hochlauf ab SOP bis Kammlinie". Ab SOP bleibt den Beteiligten gar nichts mehr übrig, als hektisches „Troubleshooting", also genau das, was zu späten, kostspieligen Aktionen führt.

Deshalb plädieren wir unter dem Schlagwort „Prävention statt Troubleshooting" (siehe Kapitel 2.2) für eine Sichtweise, die den gesamten Produktentstehungsprozess (PEP) umfasst. Anlaufmanagement ist ein interdisziplinärer Geschäftsprozess im Unternehmen. Er umfasst den *gesamten* Produktentstehungsprozess – von der Produktplanung und -entwicklung bis zur Serienproduktion. Diesen Sachverhalt haben wir in zunächst allgemeiner Form in der folgenden Abbildung dargestellt. Die Phase bis zum SOP umfasst dabei die „time to market", die Phase ab SOP die „time to customer".

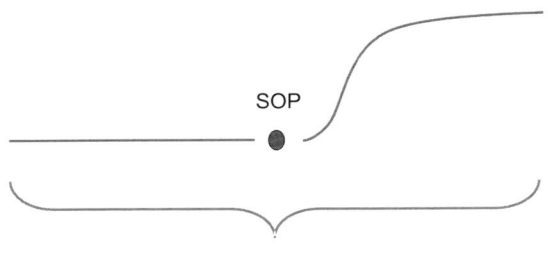

Anlaufmanagement

Abb. 5: Anlaufmanagement umfasst den gesamten PEP

Abbildung 6 zeigt vier Basiswertschöpfungsprozesse, in die sich der Anlaufprozess zunächst einmal weiter untergliedern lässt. Die Darstellung ist sequenziell, wohl wissend, dass der Prozess in der Praxis iterativ, parallel und teilweise rekursiv abläuft. Wir haben die Darstellung aus Gründen der Anschaulichkeit so gewählt.

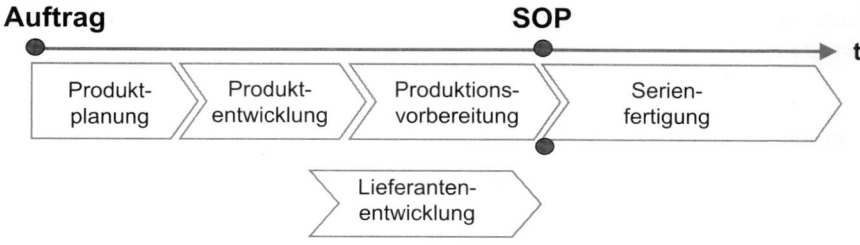

Abb. 6: Der Anlaufprozess

Die Arbeit an einem neuen Serienprodukt beginnt also mit der Produktplanung und -entwicklung. (In Kapitel drei werden wir Ihnen die Person, die diese Arbeit auszuführen hat, vorstellen: den Anlaufmanager.)

Qualität ist kein Zufall, sondern das Ergebnis vorausgegangener Planung.	☐
Bei beherrschten Einflussgrößen ist das Ergebnis vorprogrammiert.	☐
Bei sicheren Prozessen können Ergebniskontrollen entfallen.	☐
Ein Euro in der Planung spart ein Vielfaches in der Serie.	☐
Je genauer künftige Handlungen durchdacht werden, desto leichter ist die Reaktion auf unerwartete Ereignisse.	☐

Abb. 7: Erfolgsfaktor – vorausdenken und vorausplanen

Anlaufmanagement schließt auch die Produktionsvorbereitung mit ein. Denn es gilt, frühzeitig schon die Risiken zu identifizieren und zu minimieren, die den Produkt- und Prozessreifegrad betreffen – beispielsweise wenn es darum geht, im Zuge des Anlaufes einer neuen Baureihe auf eine Sequenzproduktion von Modulen umzustellen.

 Unter Anlaufmanagement versteht man, die Abarbeitung aller Projektphasen einer Neu-projektierung zu planen, zu koordinieren, zu steuern und zu überwachen, indem alle beteiligten Funktionen berücksichtigt werden.

Prototypen. Ist das Pflichtenheft verabschiedet, werden die Ziele in der Konstruktion realisiert und schließlich in Prototypen umgesetzt. Sie dienen dazu, das Produktionssystem zu planen und Aussagen zum Produktverhalten zu bekommen. Konkret heißt dies herauszufinden, wo es möglicherweise Funktions- und/oder Fertigungsprobleme gibt.

Hier gilt, dass sich Entwickler und Fertiger dringend austauschen sollten, um spätere Probleme zu vermeiden. (Leider ist es noch immer so: Der Entwickler entwickelt. Und der Fertiger fertigt – was er nie zuvor gesehen hat.)

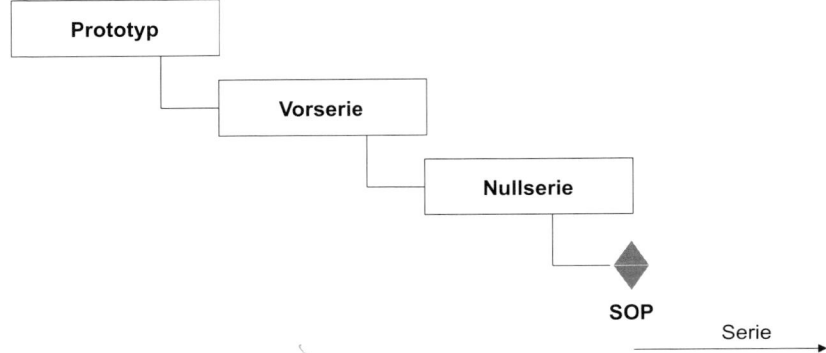

Abb. 8: Vom Prototyp zur Serie

Vorserie. Die Vorserie ist schon seriennah. Zu den Aufgaben der Vorserienlogistik des Herstellers gehört es sicherzustellen, dass Teile bis zum Produktionsstart termingerecht beschafft werden. Es müssen aber auch sämtliche Material- und Informationsflüsse, die für die Tests und Fahrzeugversuche notwendig sind, über alle Stufen des Lieferantennetzwerkes koordiniert werden.

Nullserie. Die Nullserie ist die erste Serie mit Bauteilen, die aus Serienwerkzeug-fallenden Teilen auf Serienprozessen hergestellt werden. Fremd bezogene Teile stammen bereits aus der laufenden Serienproduktion des Zulieferers. Jetzt können Fertigungs- und Montageprozesse im Detail abgestimmt werden. Um die Nullserie kommt es häufig noch zu umfangreichen, nicht geplanten Änderungen. Diese können jedoch häufig nicht mehr vollständig bis zum Serienstart umgesetzt werden – weil die ersten Bestellungen vorliegen, weil der Termin kommuniziert ist etc. Es gibt Zahlen, die besagen, dass durchschnittlich 20% aller Änderungen allein in der Nullserie und 50% sogar erst nach Serienstart durchgeführt werden.

Serie. Wenn ein Produkt reif ist, in Serie zu gehen, beginnt die „heiße Phase" des Anlaufmanagements. Mit dem SOP startet die Hochlaufphase. Jetzt wird das erste kundenfähige Produkt produziert. Sie kennen den Ausdruck sicherlich aus der Automobilindustrie: Nun beginnt der „Job No. 1".

Jetzt zeigt sich, wie gut Produkt, Anlagen und Prozesse auf die neue Aufgabe vorbereitet sind. Von der Inbetriebnahme bis zum Erreichen der Kammlinie soll möglichst wenig Zeit verstreichen. Denn bei immer kürzer werdenden Produktlebenszyklen beeinflusst der schnelle und reibungslose Beginn der Serien-Fertigung die Rentabilität eines Produkts maßgeblich: Vor allem für Hightech-Erzeugnisse lassen sich die höchsten Marktpreise am Anfang ihres Lebenszyklus erzielen (weil sie gegen Ende hin meist stark abfallen).

 A3 nach vier Monaten „auf Kamm"

Konzerngeschichte geschrieben hat die Audi AG mit dem Produktionsanlauf des neuen A3. So jedenfalls stand es zu lesen in der Juli-Ausgabe von Produktion (31.7.03, S. 6) Hier wurde die Kammlinie – die maximale Fertigungskapazität von 680 Fahrzeugen pro Tag – nach nur vier Monaten erreicht. Wir zitieren: „Um beim Bau des A3 die bisher anspruchsvollsten Audit-Zielsetzungen zu erreichen, realisierte Audi im Nordgelände des Werkes Ingolstadt auf rund 80.000 m^2 Fläche eines der größten Bau- und Investitionsprojekte der Konzerngeschichte. Das Gesamtinvestitionsvolumen für das Projekt PAN (Produktion Audi Nord) lag bei über 500 Mio. Euro. ...Mithilfe von Simulationstools (Digitale Fabrik) konnten kosten- und zeitintensive Änderungsschleifen bei den Produktionsanlagen vermieden werden. Die Planungszeit wurde demnach um gut ein Drittel verkürzt, die Anzahl der nötigen Prototypen und Vorserienfahrzeuge sank um etwa 20%."

SOP – ein kritischer Punkt

Der Produktionshochlauf ist eine wirtschaftlich als auch zeitlich kritische Phase innerhalb des Produktlebenszyklus. Denn es handelt sich um den Übergangsbereich, wenn man so will, von einer immer kürzer werdenden Produktentwicklungsphase mit steigender Variantenvielfalt hin zur Serienproduktion mit sicheren Prozessen und reproduzierbaren Ergebnissen. (Dass dieser Übergangsbereich kritisch ist, zeigen wir in Kapitel 2 noch näher.) In der Serienphase muss die Gewinnschwelle erreicht werden, und die Aktivitäten bestehen vor allem darin, die Leistungsfähigkeit der Prozesse weiter zu sichern und zu optimieren.

 Maybach-Miniaturen aus Franken

Die Herpa Miniaturmodelle GmbH ist Weltmarktführer im Pkw-, Lkw- und Flugzeugbau – jedenfalls bei maßstabsgetreuen Sammlermodellen. 2003 bot das Unternehmen 64 Flugzeugtypen von 130 verschiedenen Airlines an. Der Maßstab: 1:500.

Der Weg vom physischen Original führt dabei über ein „digitales Mastermodell". Indem eine durchgängige CAD/CAM-Prozesskette bis hinein in den werkseigenen Formenbau existiert, wurde die Durchlaufzeit von sieben Monate auf drei verkürzt. Danach erfolgt die so genannte Erstbemusterung. Acht bis 12 Wochen liegen zwischen dem Datenmodell und dem Moment, in dem die Kunststoff-Spritzmaschinen zu einer neuen Serienfertigung anlaufen. (Quelle: Produktion 4.9.03, S. 11)

Nesges (Grabowski 2004) hat herausgearbeitet, dass es nicht nur unternehmensspezifische, sondern auch unternehmenstypspezifische Produktentstehungsprozesse gibt.

Denn jedes Unternehmen setzt aufgrund seiner unterschiedlichen Kernkompetenzen, Aufgabenstellungen und Produkte die Schwerpunkte anders. Detailliert wird beschrieben, worin sich beispielsweise die Prozesse eines Einzelteilelieferanten von denen eines Systemlieferanten unterscheiden. Auch Maschinen- und Anlagenbauer haben einen SOP – zumindest einen „Point of no return". Anders gesagt: Auch Maschinen- und Anlagenbauer arbeiten auf einen Meilenstein hin – dies ist häufig ein Messetermin (siehe Abb. 9). Dort wird das neue Produkt vorgestellt – aber es werden noch keine Aussagen darüber gemacht, wann es denn bestellt werden kann. Häufig vergehen von dieser ersten Präsentation bis zu dem Zeitpunkt, an dem das Produkt „in Stahl und Eisen geht" und auslieferungsfähig ist, noch sechs bis neun Monate. Das Ziel muss auch hier lauten: den zweiten Meilenstein näher an den ersten hinzurücken.

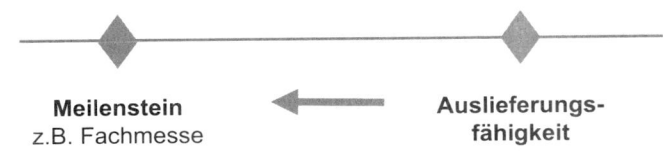

Abb. 9: Meilensteine näher aneinanderrücken

Wir haben uns in diesem Abschnitt mit der Prozesssicht beschäftigt und wollen uns nun dem Thema zuwenden: Warum scheitern noch immer so viele Anläufe?

1.3 Schlimmer geht immer?
Warum viele Anläufe scheitern

Die Praxis hat wenig Mühe, die wichtigsten Gründe für das Scheitern von Anläufen zu benennen: fehlende Kapazitäten, unpünktliche Lieferanten, umfangreiche Nacharbeiten und vor allem Änderungen. Änderungen am Produkt (z.B. durch Änderungen der Kundenforderungen), Stückzahländerungen, technische Änderungen, Terminänderungen, Änderungen nach Design-Freeze, ... Die Liste ließe sich fast beliebig fortsetzen.

Alle benannten Schwierigkeiten und insbesondere das Dauerthema „Änderungen" sind auf eine gemeinsame Ursache zurückzuführen: auf mangelhaftes Anlaufmanagement. Die Zuständigkeiten sind nicht sauber geklärt, niemand fühlt sich wirklich verantwortlich, das Projektmanagement ist nicht konsistent, kurz: Die Rolle eines Anlaufmanagers ist nicht oder nur unzureichend besetzt. „Unzureichend" heißt in diesem Zusammenhang, dass zwar ein Anlaufmanager benannt ist, diesem aber die Hilfsmittel fehlen, in seiner Rolle erfolgreich zu sein.

Üblicherweise bekommt man auch „haarige" Anläufe in den Griff. Leider heißt „üblicherweise" nicht „immer". Tatsächlich kommt es manchmal zum Crash. Wer bekommt nicht Alpträume bei der Vorstellung, dass hochempfindliche Teile vom Band fallen, statt behutsam in Behältern abgelegt zu werden. Ausschussraten größer 50% sprechen nicht nur eine deutliche Sprache, sie können ein Unternehmen ruinieren.

Spektakulär ist ein nicht publizierter Fall aus der Lebensmittelindustrie. Beim Neuanlauf eines Werkes zur Verarbeitung von Frischgemüse wurde akribisch auf eine Definition ehrgeiziger Zieltonnagen, auf eine perfekte An- und Abfuhr der frischen Ware geachtet. Leider waren weder die neu beschafften Anlagen, noch die angelernten Arbeitskräfte in der Lage, die Kammlinie zu erreichen. Über Wochen landete das Gemüse zuerst auf dem Hallenboden, dann im Entsorgungscontainer. Von wegen „frisch auf den Tisch".

 Umso mehr muss es erstaunen, dass solche Katastrophen nicht systematisch vermieden werden. Allzu häufig baut das Management eher auf das Glück des Tüchtigen, statt auf eine durchgängige Systematik mit definierten Abläufen, Quality-Gates und festgelegten Notfallkonzepten.

© Staufen Akademie

Gründe für das Scheitern von Anläufen

Dass Anläufe scheitern, haben wir konstatiert. Nun wollen wir uns damit beschäftigen, *warum* sie häufig scheitern. Lassen Sie uns nach den Gründen fragen.

Fehlende Transparenz, mangelnde Konsequenz. Häufig, so ist zu konstatieren, mangelt es an Transparenz über den Anlaufstatus. Die Gründe: Der Projektstand ist nicht oder nur unzureichend visualisiert, die Planungsdaten sind unzuverlässig oder überhaupt nicht vorhanden. Die Folge: Es gibt unterschiedliche Planungsstände entlang der Lieferkette, Abweichungen vom Plan lassen sich aus diesem Grund nur ungenau identifizieren.

Kein rechtzeitiges Störungsmanagement. Störungen werden nicht oder zu spät erkannt.

19

...Heute ist ein unerwartetes Problem aufgetaucht – weil der Endlagensensor nicht montiert werden kann. Woran es liegt, haben wir noch nicht entdeckt.

Aber wir wissen eines ganz genau – dass wir diese Störung viel zu spät erkannt haben. Die Folge: jetzt wird es für uns richtig teuer.

„Nichts ist so praktisch wie eine gute Theorie." Auf unsere ersten beiden Kapitel abgewandelt: Nichts ist so praktisch wie der Blick in die Praxis. Um unsere Überlegungen aufzulockern, hatten wir die Idee, an ausgewählten Stellen Ausschnitte aus „Projekttagebüchern" zu integrieren. Die sind zwar fiktiv, sollen aber aus Sicht mehrerer Teammitglieder Situationen aus unterschiedlichen Projekten widerspiegeln. Vielleicht erkennen Sie in dem einen oder anderen Fall die Situation in Ihrem eigenen Unternehmen?

Falsches Projektmanagement. Projektmanagement nach der Methode des „Kritischen Pfades" ist, auch wenn es etwas harsch klingen mag, überholt. Während der letzten 75 Jahre ist mit dieser Methode gearbeitet worden – aber mehr als 50% der Projekte sind gescheitert. Warum? Weil man sich nur um die „fachlich-sachlichen" Themen gekümmert und sonstige „Stolpersteine" bei der Projektplanung nicht berücksichtigt hatte. Aber genau diese Stolpersteine bringen ein Projekt nur allzu häufig zu Fall.

Keine Absicherung von Wissen. Es gibt in Unternehmen sehr viel implizite Erfahrung (die „in den Köpfen der Mitarbeiter" steckt). Die steht aber im Wesentlichen nur der Person oder dem allernächsten Umfeld zur Verfügung. Es werden keine Anstrengungen unternommen, diese Erfahrungen der Allgemeinheit im Unternehmen zugänglich zu machen. Aber Erfahrung im Unternehmen breit streuen heißt: Abläufe und Aktivitäten über dieses Erfahrungswissen abzusichern. Denn: „Erfahrung ist die bitterste Art zu

...Haben heute festgestellt, dass ein Team vor zwei Jahren nicht nur eine Lösung für unser Problem, die Integration des Endlagensensors, gefunden hat – sondern zu allem Überfluss auch noch eine *viele bessere* Lösung. Bloß wusste im Unternehmen niemand (mehr) davon.

lernen." Wer aus Erfahrung nicht lernt, ist selbst schuld. Weil aber Projekte im Grunde genommen eine lernfeindliche Umgebung sind (siehe Kap. 4, Seite 158), müssen Methoden eingesetzt werden, die diesen Transfer sicherstellen. Nicht nur auf Produkt- und Projekt-, sondern auch auf Prozessebene. Denn Prozessbeschreibung ist ein Know-how-Speicher.

Kein standardisierter Anlaufprozess. Fast alle Unternehmen sind zertifiziert und haben von daher einen definierten Anlaufprozess. So weit, so gut. Das Problem ist nur: Dieser Prozess ist zu allgemein beschrieben. Und wir stellen immer wieder fest, dass es in Unternehmen keine bereichsübergreifende Dokumentation von Prozesswissen gibt.

Das Thema Standard hat jedoch noch weitere Dimensionen – denn häufig fehlt es auch an Standards unter Berücksichtigung der Unternehmensspezifika und der Produkte, die den Prozess im Sinne von standardisierten Hilfsmitteln stützen. Die Folge: viel Aufwand, wenig Effizienz.

Fehlende Synchronisation von Prozessen. Dies gilt unternehmensintern, aber auch unternehmensübergreifend. Leistungen werden in Wertschöpfungsnetzwerken erbracht. Fehlt die Synchronisation von Prozessen, kommt es zu Unklarheiten und Reibungsverlusten in der Anlaufdurchführung. Das Resultat: zeitliche Verzögerungen oder eine zu späte Fehlererkennung. „Kritische Prozesse bleiben vielfach unentdeckt, werden nicht dokumentiert und treten somit fast zwangsläufig immer wieder auf. Verstärkt wird dieser Effekt dadurch, dass häufig weder ein definiertes und Lieferketten übergreifendes Störungsmanagement noch ein geregeltes Änderungsmanagement existieren." (FAST 2015, S. 140)

Aus der operativen Logistik ist der Begriff des Peitscheneffektes bekannt: Auch im Anlauf kommt es aufgrund fehlender Synchronisation zu zeitlich verzögerten Einflüssen. Diese können sich kumulieren, bis sie schließlich auf einer Lieferstufe zum Lieferabbruch führen.

„Silodenken" vs. Prozessdenken. Denken in Silos tendiert dazu, ein Bereichsoptimum zu erzielen. Dies ist aber immer ein Suboptimum. Inkonsistente Kennzahlensysteme tragen zu diesem Problem in nicht unerheblichem Maße bei. Ein optimaler Prozess

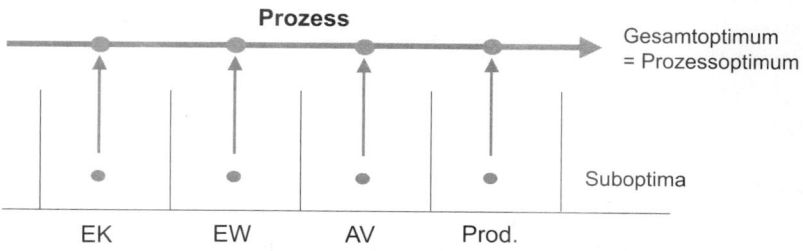

Abb. 10: Wenn in „Silos" statt in Prozessen gedacht wird

hingegen entsteht nicht aus der Summe der Suboptima. Ein Beispiel zur Verdeutlichung: Das Ziel des Einkaufes besteht darin, möglichst billig, also meist in riesigen Losgrößen einzukaufen – die Produktion hingegen soll und will die Bestände niedrig halten … Die Lösung lautet: man muss die Abteilungen aus dem Denken in ihrem Silo „herausheben" (siehe Abb. 10) und gemeinsam an einer Prozesskennzahl messen. Bezogen auf den Gesamtprozess ergibt sich hieraus ein Widerspruch.

„Im Nebel arbeiten". Fakt ist: Bei der „Transformation" des Lastenheftes in das Pflichtenheft gibt es heute noch jede Menge Probleme.

> … Beim Meeting war heute davon die Rede, dass man in Sachen „Lasten- und Pflichtenheft" böse in die Falle laufen kann. Kollege Müller-Lüdenscheidt erzählte von einem Fall, in dem man beim Übertragen der Lastenheft-anforderungen ins Pflichtenheft zwei Kundenanforderungen „vergessen" hatte. Brachte das gesamte Projekt an den Rande des Ruins…

Fehlende Standards. Ein brandaktuelles Thema nach wie vor. Wir werden in Kapitel 3 ausführlicher darauf zu sprechen kommen.

Mangelnde Effizienz. Man kann die richtigen Dinge tun. Dann ist man effektiv. Man kann die Dinge aber auch richtig tun. Dann ist man effizient. Wenn man die Dinge nicht richtig tut, ist man ineffizient. (Und es soll sogar Fälle gegeben haben, wo man die falschen Dinge nicht richtig gemacht hat…)

Mangelhafte Abstimmung. Kommunikation, Informationsaustausch, Abstimmung ist nach wie vor ein wichtiges Thema. Aber: „Hauptgrund für die heutigen Anlaufschwierigkeiten ist die mangelhafte Abstimmung zwischen den Lieferkettenpartnern. Vielfach ist das Anlaufmanagement noch ein rein unternehmensinternes … Thema. Die adäquaten Mechanismen für eine optimale Zusammenarbeit in der Anlaufphase sind vielfach noch zu entwickeln und vor allem umzusetzen." (FAST 2015, S. 138f.) Dem stimmen wir zu. Und es kommt noch hinzu, dass es in den Unternehmen häufig keine Prozesssicht gibt.

Steigende Komplexität und nicht beherrschte Prozesse. Anlaufprozesse sind komplex. Und sie werden künftig wohl noch komplexer sein, gibt es doch eine Vielzahl von parallelen und seriellen Teilprozessen. Allerdings gelingt es vielen Unternehmen nicht, diese komplexen und vernetzten Prozesse zu beherrschen. Die Prozesse beherrschen die

Unternehmen (oder besser gesagt: die Aktivitäten wie Brandbekämpfung). In den Worten von Bungard und Hofmann: „Es soll ein

- technisch neuartiges Fahrzeug
- mit Hilfe oft neuartiger Fertigungstechnologie
- in neuen Hallen
- mit Hilfe veränderter computerunterstützter Steuerungs- und Transportsysteme
- vor dem Hintergrund anderer Organisationsprinzipien
- und unter Nutzung anderer Organisationsstrukturen
- in einem direkt beim Anlauf qualitativ und kostenmäßig konkurrenzfähigen Zustand gefertigt werden." (S. 22)

Das schaffen viele Unternehmen nicht.

Kein Anlaufmanager. Viele Unternehmen verfügen über keinen Steuerer im Sinne eines fach- und methodenkompetenten Kümmerers. Wenn es „Anlaufmanager" gibt, dann sind sie bei näherem Hinschauen eher „Mädchen für alles" – mit vielen Aufgaben, aber wenig Kompetenzen; die Terminen hinterherjagen – aber nichts einfordern können; die letztendlich durch ihren Einsatz lediglich Schwächen in der Organisation und dem Prozess kompensieren, aber nicht das tun, was sie tun sollten – nämlich Projekte steuern!

Ein Zwischenfazit

Dies war eine Fülle von einzelnen Gründen, die wir immer wieder antreffen. Wenn wir es überpointiert sagen sollten: Anläufe scheitern in den meisten Fällen, weil…

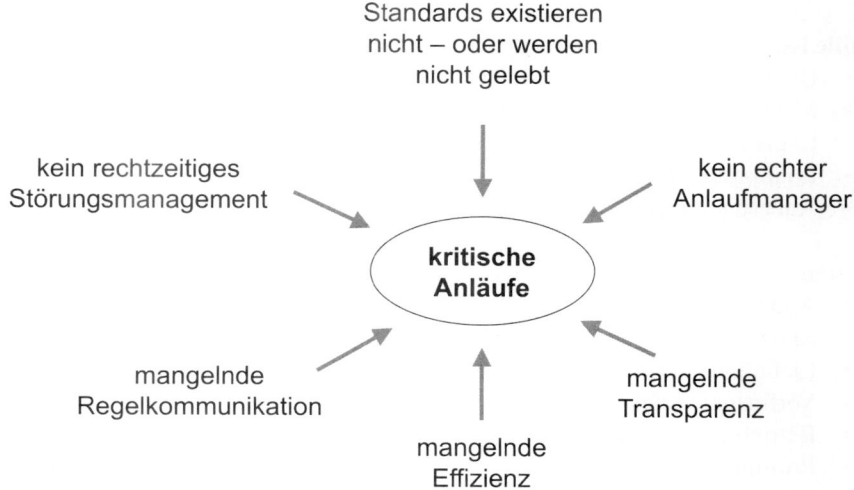

Abb. 11: Gründe für kritische Anläufe

- (Prozess-)Standards nicht existieren oder nicht verwendet werden.
- es an Transparenz und Effizienz mangelt.
- weil nicht konsequent und rechtzeitig gehandelt wird.
- die Kommunikation mangelhaft ist.
- Methoden nicht bekannt sind oder zwar bekannt, aber nicht eingesetzt werden.

1.4 Potenzialfeld Anlaufmanagement
Einen Ansatzpunkt finden

Anläufe bieten immense Potenziale – nicht nur im Hinblick auf eine verbesserte Unternehmensleistung, bessere Erfüllung der Kundenwünsche, größere Wettbewerbsfähigkeit, sondern auch, und vor allem, im Hinblick auf die Kosten.

Im Seriengeschäft ist der Umsatz direkt abhängig von der verkauften (lies: produzierten) Stückzahl über der Zeit. Also bedeutet schnelles Erreichen der Kammlinie früher realisierten Gewinn – wenn man die Kosten im Griff hat und mit einem wie geplant ablaufenden Prozess auskommt. Das ist durchaus nicht jedermann immer bewusst. Unsere Praxiserfahrungen zeigen nämlich, dass die Zeitziele so hohe Priorität haben, dass man die Kosten regelmäßig vernachlässigt. Ebenso regelmäßig laufen deshalb die Kosten derart aus dem Ruder, dass man noch von Glück sagen kann, wenn nur der Gewinn geschmälert ist. Häufig genug wird im Anlauf die Gesamtrendite eines Serienprojektes aufgezehrt.

Um den Zusammenhang deutlich zu machen, haben wir das Hebelbild entwickelt (siehe Abb. 12). Das Bild veranschaulicht, wo der Hebel sehr kraftvoll angesetzt werden kann: bei den Kosten. Dabei sind die variablen Kosten so vielversprechend wie die fixen:

Variable Kosten
- Qualitätskosten (Ausschuss, Nacharbeit, Kontrolle, Nachrüstung, Umbau)
- Materialeinsatzkosten
- Logistikkosten (Normal-, Sonderlogistik)
- Lohnkosten (Sonderschichten, Mehrarbeit)
- Außerplanmäßige Rüstkosten

Fixkosten
- Änderungskosten
- Entwicklungs-/Validierungskosten
- Lieferantenentwicklungskosten
- Vorfinanzierungskosten
- Betriebsmittelkosten
- Prüfmittelkosten
- Werkzeugkosten

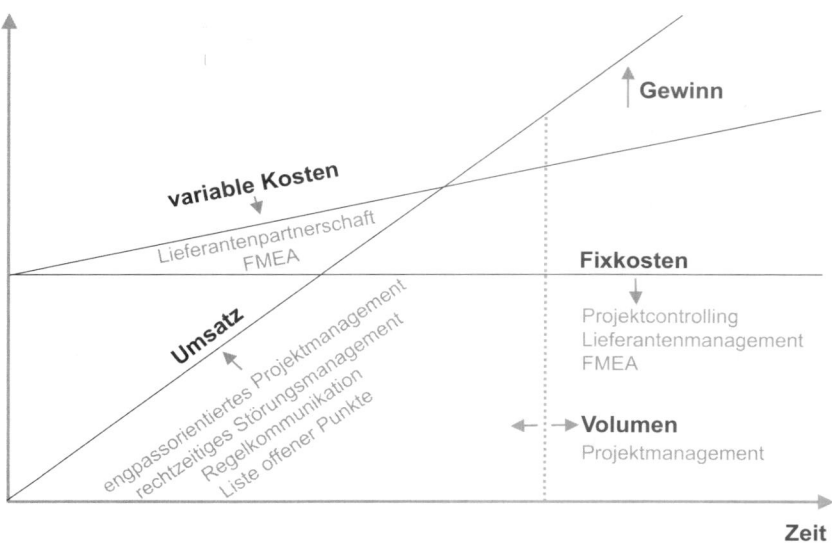

Abb. 12: Hebelbild und Methodeneinsatz

In unseren Workshops führen wir gerne folgende Übung durch. Wir lassen die Teilnehmer, zumeist anlaufgeschädigte Ingenieure und Techniker, eine Frage beantworten: „Welche Hauptprobleme kennen Sie aus Ihren Erfahrungen im Anlaufmanagement?" Die Probleme werden auf Karten geschrieben und dem Hebelbild nach der Logik zugeordnet, worauf sich das Problem hauptsächlich auswirkt. Fast immer ergibt sich ein ähnliches Bild: 1. Die Karten reichen kaum aus, um nur die Hauptprobleme zu beschreiben. 2. Die meisten Karten haben Folgen für die variablen Kosten.

Wieder heißt der Refrain „Mangelnde Qualität", „viele Änderungen", „Nacharbeit". Gesungen nach der Melodie „Anläufe systematisch managen". Scherz beiseite: tatsächlich liegen in einem systematischen Management, im gezielten Methodeneinsatz, die Ansatzpunkte für das Heben der Potenziale.

Die richtigen Methoden einsetzen

In Kapitel 4 werden wir Ihnen elf Best-Practice-Methoden vorstellen – Methoden, die helfen, die variablen und/oder die fixen Kosten zu senken (und, nicht zu vergessen, den Umsatz zu erhöhen, siehe Abb. 12, nämlich indem Sie engpassorientiertes Projektmanagement und rechtzeitiges Störungsmanagement betreiben).

Werfen wir zunächst einen Blick auf die variablen Kosten. Hier lassen sich nachhaltige Verbesserungen erzielen, indem man die Lieferanten sorgfältig auswählt, frühzeitig einbindet und ihre Fähigkeiten von Beginn an entwickelt. Das Stichwort lautet Lieferantenpartnerschaft. Die Gefahr, in diesem Prozess etwas zu „verschenken", wird durch die positiven Kosteneffekte mehr als aufgewogen. Zudem sorgt ein detailliertes Kaufteilmanagement inklusive dem allfälligen Controlling mit Sicherheit dafür, dass die Lieferanten mit der notwendigen Disziplin im Projekt bleiben.

Die typische Kennzahl lautet „EK-Ratio – x%". Häufig ist das Selbstverständnis des Einkaufs auf den niedrigsten Stückpreis fixiert. Das Problem dabei ist, dass auf diese Weise Kosten auf andere Bereiche verlagert werden. Beispiel gefällig?

 Wir kennen Fälle, in denen Teile billig in China produziert und mit dem Schiff hertransportiert werden – aber auf dem Transport komplett kaputt gehen. Was hier ankommt, ist 100% Ausschuss. Die Antwort des Einkaufs: „Dann müssen die Teile eben mit dem Flugzeug hertransportiert werden." Die trägt sicherlich nicht dazu bei, das Kostenproblem zu lösen. Denn es macht keinen Sinn, Stückpreise auf Biegen und Brechen senken zu wollen, ohne dabei die Gesamtbeschaffungskosten zu reduzieren.

Vielfach fehlt noch das Bewusstsein für Gesamtkosten, Quantität, Qualität, Liefertreue, Logistik, Herstellbarkeit, Verpackungsproblematik. Unsere These an dieser Stelle: Einkäufer müssen sich zu „Gesamtkosten-Managern" entwickeln – denn nur so leisten sie einen echten Beitrag, um die Wettbewerbsfähigkeit des Unternehmens zu verbessern. Gehen Unternehmen hier konsequent vor, sind erhebliche Einsparungen möglich. Dies zeigen jedenfalls viele realisierte Beispiele. Machen Sie doch einfach einmal unter diesem Gesichtspunkt eine Gesamtkostenrechnung.

Doch lassen Sie uns den Blick nun auf die Fixkosten richten: Vorausschauendes Toolmanagement macht die konstruktiven und technischen Kostentreiber sichtbar, bevor das Geld abgebucht wird. Je weiter der Anlauf gediehen ist, desto schmerzhafter sind „fliegende" Werkzeugwechsel.

Auch das Projektcontrolling wirkt sich im Schwerpunkt wohltuend auf die Fixkosten aus, wenn es konsequent eingesetzt wird. Wobei „konsequent" nicht zu verwechseln ist mit „penetrant". Intensive Kommunikation über Zahlen, Daten und Fakten hat noch nie geschadet. Letztere sollten durch regelmäßige Audits, ein permanentes Monitoring, verfolgt werden – und zwar sowohl inhouse als auch extern.

Das Gleiche gilt für die Methoden, die wir in Anlaufprojekten einsetzen, um das Wissen zu speichern (siehe hierzu die Ausführungen zur FMEA in Kapitel 4). Erfahrungen, die in früheren Projekten gemacht und dokumentiert wurden, helfen, bei laufenden oder neuen Anlaufprojekten die Fixkosten zu beeinflussen – und zwar positiv.

Bei den Lieferanten haben Sie sowohl auf die variablen als auch die Fixkosten Einfluss. Wenn Sie beispielsweise einen neuen Lieferanten haben, müssen Sie – je nach Komplexität des Anlaufprojektes – viele Manntage investieren, bis dieser Lieferant für Sie ein „passender" Lieferant ist. Wenn Sie Lieferanten-Partnerschaften eingehen, die auf einer mittel- und langfristigen Basis stehen, fallen die Fixkosten für die Lieferantenentwicklung fort. (Weiter oben hatten wir bereits das Thema Gesamtkostenmanager angesprochen.)

Natürlich darf man vor lauter Begeisterung für die Potenziale zur Kostensenkung nicht über das Ziel hinausschießen und Leistungsgrad oder Terminziele gefährden. Deshalb lohnt ein wiederholter Blick auf das Hebelbild und seine Wirkmechanismen. Noch immer

26

gilt: Kostensenkung macht keinen Umsatz. Die Kammlinie muss erreicht werden, sie muss sogar schnell erreicht werden. Nur nicht um jeden Preis.

An dieser Stelle möchten wir gerne noch auf einen Sachverhalt aufmerksam machen, der immer wieder auftaucht und der hier thematisiert gehört:

Lieferanten verkaufen mehr als sie beherrschen.

Bei der Akquisition und Verhandlung von Neuprojekten nimmt meist der Vertrieb die tragende Rolle ein. Wie das dann so ist, wird den Kunden häufig mehr zugesagt, als in Entwicklung und Produktion momentan geleistet werden kann. Das ist im Grunde auch gut so. Der auf die künftige Leistungsfähigkeit aufgenommene Kredit zieht zwangsläufig Weiterentwicklungen nach sich. Aber: Die Produkte werden zu einem Zeitpunkt vertrieblich „aufgepeppt", zu dem sie noch nicht validiert, die Prozesse nicht abgesichert sind. So belastet man neue Projekte bereits im Vorfeld mit Neuentwicklungen auf allen Ebenen: am Produkt, den Prozessen, der Technologie. Natürlich bekommt man die Sache schließlich in den Griff – allerdings um den Preis zahlreicher Änderungen und ungeplanter Kosten. Das Änderungsthema gewinnt enorm an Bedeutung. Wenig Abhilfe schaffen hier die Lastenhefte. Mehr als einmal haben wir die Worte gehört: „Die Lastenhefte beschreiben einen Lieferwagen, haben will man ein Rennauto". Um das Rennauto zu bekommen, muss man zwangsläufig ändern und ändern und ... Nur was sich nicht adäquat ändert ist der einmal vereinbarte Preis. Die Folge sind Kompromisse. Kompromisslösungen sind aber schlechte „Ratgeber".

Das Ziel muss lauten, mit seinem Kunden im Sinne eines proaktiven Risikomanagements offen zu kommunizieren. Dabei sollte zu jedem Zeitpunkt Transparenz darüber herrschen, ob sich Änderungswünsche kritisch auf den Termin, auf die Kosten oder gar auf die Qualität auswirken.

Ehe wir unser Augenmerk auf die Ziele richten, die mit Anlaufmanagement verfolgt werden, und auf unseren Lösungsansatz, wollen wir Sie ermuntern, anhand der folgenden Fragen und Thesen kurz eine eigene Standortbestimmung vorzunehmen.

1.5 Wo stehen Sie im Anlaufmanagement?
Eine Standortbestimmung

	Trifft zu	Trifft nicht zu	nicht relevant
Frage 1: Gehen Sie strategisch richtig an Anlaufprojekte heran?			
These 1. Anlaufprojekte müssen strategisch geplant sein. Dies fordert in der Regel die Geschäftsführung. Dabei ist es wichtig, dass auf definierten Confidence-Levels…			
…Kapazitäten und Ressourcen geplant werden	☐	☐	☐
…Budgets und Kosten geplant werden	☐	☐	☐
These 2. Eine strategische Qualitätsplanung ist ein absolutes Muss für erfolgreiche Produkte. Auf dem Weg zu einer Null-Fehler-Kultur müssen…			
…Prozesse getrimmt werden (z.B. Jidoka)	☐	☐	☐
…Produkte getrimmt werden (z.B. Poka Yoke)	☐	☐	☐
…Maschinen getrimmt werden (z.B. Fähigkeiten, TPM)	☐	☐	☐
um Fehler zu reduzieren.			
These 3. Strategisch wichtige Lieferanten müssen eingebunden werden. Die Basis hierfür sind:			
frühe Einbindung der Lieferantenkompetenz	☐	☐	☐
Informations-/Dokumentationsintegration (z.B. via Portal)	☐	☐	☐
Lieferanten-Partnerschaften	☐	☐	☐

Frage 2: Haben Sie das richtige Projektmanagement?

These 1. Projektmanagement bietet noch immer die beste Möglichkeit, neue Produkte kundenorientiert, schnell und kostenoptimal herzustellen und auf den Markt zu bringen. Als organisatorische Rahmenbedingungen haben Sie…

	Trifft zu	Trifft nicht zu	nicht relevant
…einen standardisierten Aktivitätenplan definiert.	☐	☐	☐
…eine Leistungsschnittstellenvereinbarung zu den Aktivitäten definiert.	☐	☐	☐
…die Aufgaben, Kompetenzen und Verantwortungsbereiche klar definiert.	☐	☐	☐
…Eskalationssteuerungsmöglichkeiten installiert.	☐	☐	☐

These 2. Projektmanagement im Anlauf darf nicht zum Selbstzweck werden. Daher sind folgende Grundlagen gegeben:

	Trifft zu	Trifft nicht zu	nicht relevant
Sie sichern den Projektendtermin mit einem Zeitpuffer ab.	☐	☐	☐
Sie kalkulieren bei den Aktivitäten die kürzeste Bearbeitungszeit ohne Sicherheitspuffer.	☐	☐	☐
Sie controllen den voraussichtlichen Endbearbeitungstermin der laufenden Aktivitäten.	☐	☐	☐
Sie vermeiden Multitasking in den Ressourcen.	☐	☐	☐

These 3. Projektmanagement muss Engpässe klar erkennen und mit ihnen umgehen. Dazu berücksichtigen Sie…

	Trifft zu	Trifft nicht zu	nicht relevant
…organisatorische, fachliche, sachliche Hintergründe in der Projektplanung.	☐	☐	☐
…zu einem frühestmöglichen Zeitpunkt weitere „Stolpersteine" der Projektierung in der Planung.	☐	☐	☐

These 4. Projektmanagement muss über einfache Steuerungsinformationen verfügen. Hierzu verwenden Sie…

	Trifft zu	Trifft nicht zu	nicht relevant
…zur Terminkontrolle: Abarbeitungsgrad, Termintreueindikatoren	☐	☐	☐
…zur Kostenkontrolle: Projektergebnisrechnungen, Kalkulationslebensläufe	☐	☐	☐
…zur Qualitätskontrolle: z.B. Risikoprioritätszahlen	☐	☐	☐
Teilestatuslisten	☐	☐	☐
Prozessstatuslisten	☐	☐	☐

Frage 3: Haben Sie ein effizientes Führungssystem?

	Trifft zu	Trifft nicht zu	nicht relevant

These 1. Für ein effizient arbeitendes Führungssystem setzen Sie ein:

...ein Projektcontrolling für Qualität, Kosten, Termin und zur Statusverfolgung. ☐ ☐ ☐

...eine hierarchisch organisierte Regelkommunikation zur Statusabfrage. ☐ ☐ ☐

...eine eigenständige und funktionierende Projektorganisation ☐ ☐ ☐

...echte Projektleiter bzw. Anlaufmanager. ☐ ☐ ☐

These 2. Projekte müssen kontrolliert werden. Dazu verwenden Sie...

einfache Kennzahlen zu Qualität, Kosten und Terminen ☐ ☐ ☐

Meilensteincontrolling mit Checklisten ☐ ☐ ☐

Statusüberwachung für Teile und Prozesse ☐ ☐ ☐

These 3. Die Projektorganisation schafft einen Ausgleich zwischen kreativen Freiräumen und konsequenter Umsetzung. Dazu berücksichtigen Sie...

...Spielregeln für die Projektabwicklung ☐ ☐ ☐

...geregelte Aufgaben, Kompetenzen und Verantwortungen ☐ ☐ ☐

...vereinbarte Leistungsschnittstellen im Workflow ☐ ☐ ☐

...Eskalationsmodelle zur „Notsteuerung" der Projekte ☐ ☐ ☐

These 4. Projektkommunikation muss konsequent geführt werden. Hierzu verwenden Sie...

...konsequent Regelkommunikation auf Projektebene (wöchentlich), nur Status ☐ ☐ ☐

...konsequent Regelkommunikation auf Multiprojektebene, z.B. Bereichs- bzw. Geschäftsführungsebene (monatlich), nur Status ☐ ☐ ☐

...Fachkommunikation, bedarfsorientiert auf Arbeitsebene ☐ ☐ ☐

**Frage 4: Funktioniert der Übergang vom Lasten-
zum Pflichtenheft in Ihrem Unternehmen
reibungslos?**

	Trifft zu	Trifft nicht zu	nicht relevant

These 1. Lasten- und Pflichtenhefte sind wesentliche
Meilensteine klarer Projektziele:

Sie fragen die Existenz eines vollständigen
Lastenheftes als notwendige
Projektierungsvoraussetzung ab. ☐ ☐ ☐

Sie leiten konsequent aus dem Lastenheft ein
Pflichtenheft ab. ☐ ☐ ☐

These 2. Wir stellen allerdings immer wieder fest, dass
gravierende Fehler begangen werden – weil bestimmte
Anforderungen vergessen werden; oder falsch
interpretiert; oder das Lastenheft wird häufig nicht
abschließend mit dem Kunden abgestimmt. Die Folge:
hohe Kosten, wenn der Kunde sich später auf Dinge
beruft, die man nicht budgetiert hat. Oder
Kompromisslösungen – die aber immer schlechte
Ratgeber sind. Wie Sie ein Pflichtenheft ableiten:

Dazu stellen Sie die Verfügbarkeit eines vollständigen
mit dem Kunden abgestimmten Lastenhefts sicher. ☐ ☐ ☐

Für den Lastenheft-Pflichtenhefttransfer verwenden Sie
standardisierte Fragefilter bzw. Checklisten. ☐ ☐ ☐

bis zu dem moment, dem das endprodukt das werk verlässt

Frage 5: Haben Sie schon die richtige Prozesslandschaft?

	Trifft zu	Trifft nicht zu	nicht relevant

These 1. Anläufe innerhalb *eines* Unternehmens und bei *einer* Produktgruppe funktionieren immer nach dem gleichen Schema, lies: Prozess. Unsere Erfahrung zeigt, dass der Deckungsgrad mindestens 80% beträgt. Dieser Prozess kann unternehmens- bzw. produktspezifisch standardisiert werden. Und sollte er auch: denn Standards sind überlebensnotwendig.

	Trifft zu	Trifft nicht zu	nicht relevant
Alle Wiederholprozesse, ähnliche Tätigkeiten, Problemlösungen und Produkte sind standardisiert.	☐	☐	☐
Der Standard ist Gesetz. Jeder muss sich daran halten. Und jeder kann ihn verbessern.	☐	☐	☐
Standards sind öffentlich.	☐	☐	☐
Standards werden gemeinsam erarbeitet und gemeinsam getragen.	☐	☐	☐
Das Beste setzt den Standard.	☐	☐	☐
Standards werden als praktische Arbeitshilfe und nicht zum Dienst nach Vorschrift verwendet.	☐	☐	☐

These 2. Die Aktivitäten, die im Anlaufprozess beteiligt sind, müssen klar voneinander abgegrenzt werden.

	Trifft zu	Trifft nicht zu	nicht relevant
Dazu haben Sie standardisierbare Leistungsschnittstellen vereinbart, um den Gesamtprozess abzusichern.	☐	☐	☐
Ihr Motto lautet: klare Prozesssicht!	☐	☐	☐

These 3. Um den Anlaufprozess effektiv und effizient führen zu können, sind klare Spielregeln nötig.

	Trifft zu	Trifft nicht zu	nicht relevant
Für die Steuerung verwenden Sie definierte, objektive Zahlen, Daten, Fakten – ebenfalls in standardisierter Form.	☐	☐	☐

Frage 6: Haben Sie ein effizientes Störungsmanagement?

	Trifft zu	Trifft nicht zu	nicht relevant

These. Den Kostenaspekt wollen wir anhand des Stichwortes „Änderungen" nochmals in das Blickfeld rücken: in einer frühen Phase kann man zwar viel verändern – kennt aber die Auswirkungen kaum. Später dann kann man leicht beurteilen – aber kaum mehr verändern. Die Kosten der Entwicklung und Produktion sind zu Projektbeginn am stärksten beeinflussbar. Holen Sie frühzeitig alle Beteiligten bzw. Funktionen mit ins Boot – um späte, teure Änderungen zu vermeiden. Dazu..

	Trifft zu	Trifft nicht zu	nicht relevant
…binden Sie Ihren Kunden in Risikothemen ein und machen ihm Alternativvorschläge.	☐	☐	☐
…binden Sie Ihre Lieferanten in den Entwicklungsprozess ein und integrieren ihn in Ihre Regelkommunikation.	☐	☐	☐
…beginnen Sie mit Ihren Projektaktivitäten zum spätestmöglichen Zeitpunkt.	☐	☐	☐
…betreiben Sie konsequent Regelkommunikation und bündeln Änderungen.	☐	☐	☐
…betreiben Sie ein Projektkennzahlenreporting und eine Projektkennzahlenvisualisierung.	☐	☐	☐
…nutzen Sie Lerneffekte, indem Sie Ihre Projektstandards anpassen.	☐	☐	☐

Frage 7: Betreiben Sie Risikomanagement?	Trifft zu	Trifft nicht zu	nicht relevant
These 1. Projektierungsrisiken und vermeintlich kleine Stolpersteine müssen frühzeitig erkannt und abgefangen werden.			
Das Prinzip, Fehler zu vermeiden, steht angesichts des enormen Zeit- und Kostendrucks weit oben auf der Agenda.	☐	☐	☐
Aus diesem Grund ist es unverzichtbar, negative Überraschungen im Projektverlauf rechtzeitig zu erkennen und zu vermeiden.	☐	☐	☐
These 2. Lerneffekte aus Anlaufprojekten müssen dokumentiert werden. Denn nichts ist so „flüchtig" wie Wissen. Und es nützt Ihnen nicht, wenn einzelne Mitarbeiter lernen – dieses Wissen aber nicht in die Organisation zurückgespielt wird.			
Um Projektwissen zu speichern, setzen Sie deshalb ein:			
Lessons learned Workshops und / oder	☐	☐	☐
FMEAs.	☐	☐	☐
Prozess-Standards (z.B. Checklisten)	☐	☐	☐

Bewerten Sie nun Ihre Situation.

Wir hatten gesagt, dass Sie auf den vorangegangenen Seiten eine Standortbestimmung, eine Art „Diagnose" vornehmen können. Dazu haben Sie idealer Weise bei jeder Frage ein Kreuzchen gemacht.

Wenn Sie nun feststellen, dass Sie die meisten Kreuzchen in der linken Spalte gemacht haben („trifft zu", heißt: setzen wir schon um), dann ist in Ihrem Unternehmen alles in Ordnung. In diesem Fall kann man Sie nur beglückwünschen.

Haben Sie jedoch viele Kreuzchen in der mittleren Spalte gemacht („trifft nicht zu", lies: setzen wir in unserem Unternehmen noch nicht um), dann gibt es in Ihrem Unternehmen eindeutig einen Handlungsbedarf. Ansatzpunkte und Best Practice-Methoden beschreiben wir in den folgenden Kapiteln – und hoffen, dass sich die Lektüre lohnt.

Kapitel 2
Anlaufmanagement – Der Blick auf's Ganze

Auseinandersetzen. An dem Thema Anlaufmanagement kommen Sie nicht vorbei. Hier erfahren Sie zunächst einmal, welche Ziele dringend verfolgt werden müssen.

Einsetzen. Lesen Sie, warum Sie unbedingt einen Anlaufmanager in Ihrem Unternehmen ausbilden und einsetzen sollten (sofern Sie noch keinen haben).

Umsetzen. In diesem Kapitel lernen Sie unseren Gestaltungsrahmen kennen, der Ihnen dabei hilft, effizient und systematisch ein Anlaufprojekt zum Erfolg zu führen.

2.1 Die Ziele
Erreichbar, konkret und messbar

Anlaufmanagement ist ein permanenter Entscheidungsprozess im Ziel-Mittel-Konflikt. Anlaufmanagement heißt: Leistung (Qualität), Kosten und Zeit simultan zu managen. Sie kennen sicherlich das magische Dreieck (siehe Abb. 1):

- Die Qualität der Leistung ist abhängig von der verfügbaren Zeit und den verfügbaren Ressourcen.
- Die Kosten sind abhängig von der Menge der zu erbringenden Leistung und den Qualitätsansprüchen sowie von der Zeit, die für den Leistungserbringungsprozess zur Verfügung steht.
- Die benötigte Zeit ist abhängig von dem Qualitätsanspruch an die zu erbringende Leistung sowie von der Menge und der Qualität der zur Verfügung stehenden Ressourcen.

Permanentes Ziel ist es daher, bei möglichst hoher Qualität (Q) mit möglichst geringer Zeit (T) und möglichst niedrigen Kosten (K) auszukommen.

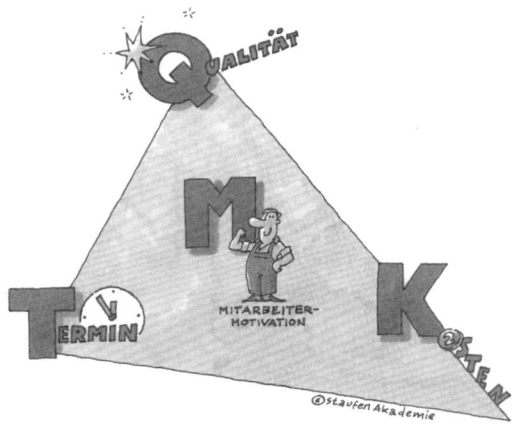

Abb. 1: Die Ziele Q, K, T

Erreichbare Ziele, konkret und messbar

Leicht gesagt und immer wieder vergessen. Denn oft werden Ziele formuliert, die weder konkret messbar sind noch mit den zur Verfügung stehenden Mitteln erreichbar. „Mehr Projekte" ist kein Ziel, „5 neue Projekte bis Ende 2. Quartal" sehr wohl. Und wenn Sie die Latte zu hoch hängen, über die nicht mal ein Leistungssportler kommen würde, dann tut sich der „Normalsportler" besonders schwer – und die Motivation bleibt auf der Strecke. Die alles dominierenden Ziele lauten bei unserem Thema:

- die Kosten im Griff behalten bzw. senken (indem die Prozesse beherrscht werden),
- den Faktor Zeit zu beherrschen, zu beeinflussen (indem Prozesse verkürzt werden) und transparent zu managen,
- Null-Fehler-Qualität zu erzeugen (indem die Prozesse die Qualität produzieren),
- realistische Zielkosten zu planen und diese einzuhalten,
- wettbewerbsdifferenzierend schnell zu sein und einfache, stabile Prozesse zur Stützung einer Null-Fehler-Kultur zu entwickeln.

Die Anlaufkosten senken
Das Ziel Nr. 1

Alles wird immer schneller und immer komplexer. Das hatten wir in Kapitel 1 beschrieben. „Unternehmen befinden sich in einem Zeitwettbewerb, in dem die Produkt- und Produktionsentwicklungszeit von neuen Produkten und deren Markteinführung in den letzten Jahren drastisch reduziert und damit der Zeitabstand zwischen neuen Produkten und den damit verbundenen Hochläufen immer weiter verringert wurde." (Laick S. 2)

Und dies alles soll zu allem Überfluss bei immer geringeren Kosten geschehen. Aber Kosten sind ein Problem. In Abb. 2 rangieren die hohen Entwicklungs- und Anlaufkosten in der Automobilindustrie beispielsweise an dritter Stelle.

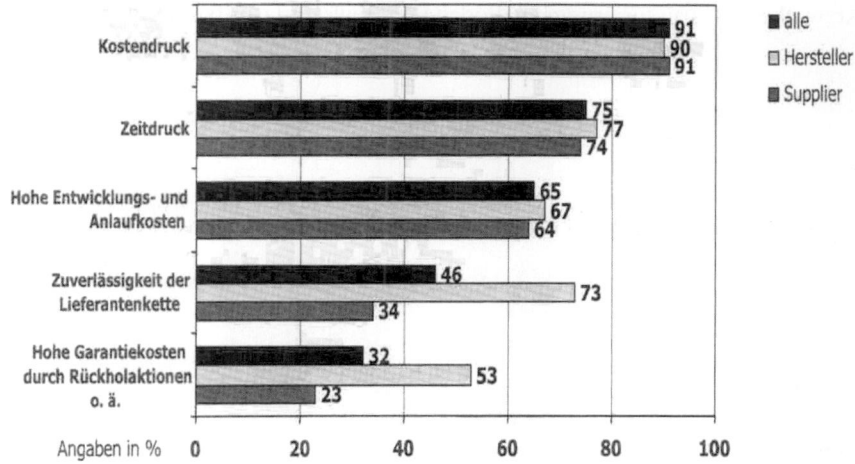

Abb. 2. Die wichtigsten Probleme in der Zusammenarbeit zwischen den Beteiligten in der Automobilindustrie (Quelle: Celerant Consulting 2003)

Die Kostentreiber im Serienanlauf (Automobilindustrie) sind schnell an einer Hand aufgezählt: Es ist erstens die Erhöhung der Produktkomplexität, die zu Buche schlägt, zweitens die Verkürzung des Modelllebenszyklus und drittens die Verkürzung der Anlaufzeit (siehe Abb. 3).

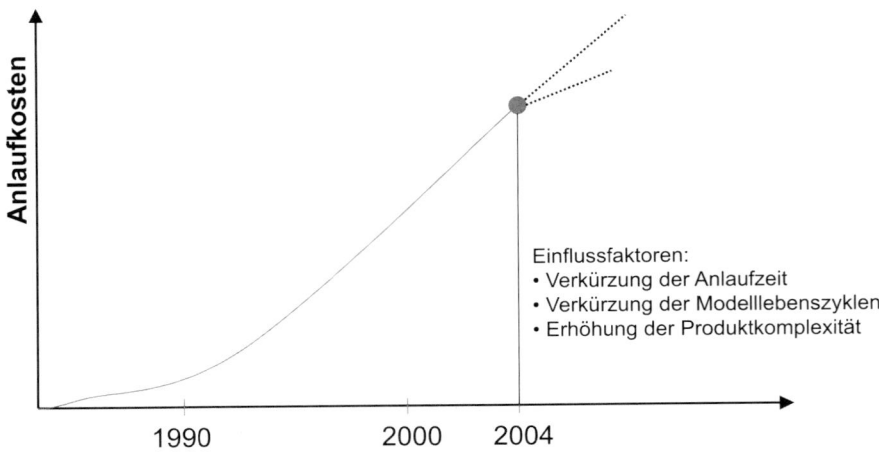

Einflussfaktoren:
• Verkürzung der Anlaufzeit
• Verkürzung der Modelllebenszyklen
• Erhöhung der Produktkomplexität

Abb. 3: Kostentreiber im Serienanlauf (Quelle: Automobilwoche)

Anlaufkosten müssen und können reduziert werden, keine Frage (siehe Abb. 4). Hier gibt es nach unserer Auffassung noch ein enormes Einsparpotenzial. (Nebenbemerkung: Anlaufkosten werden in vielen Unternehmen allerdings nur teilweise oder gar nicht erfasst, weil es an Strukturierungsmethoden und Bewertungshilfsmitteln fehlt.)

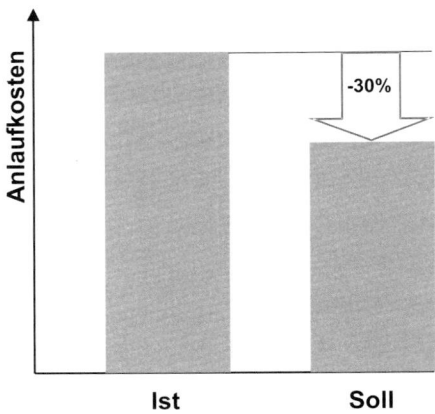

Abb. 4: Das Ziel – Anlaufkosten um 30% senken

Von 22 auf 10: Neuentwicklungen bei Gildemeister

Im Jahr 2002 fiel der Umsatz der Gildemeister AG um 10% auf knapp über 1 Mrd. Euro. Den Gewinneinbruch begründete der Vorstand mit den Anlaufkosten für 22 Neuentwicklungen im selben Jahr. Aus diesem Grund sollten 2003 „nur" zehn Anlagen auf den Markt kommen. (Quelle: Produktion 13.1.03, S. 4)

Kosten im Anlauf zu sparen ist sicherlich für viele Unternehmen dringend notwendig. Allerdings sind wir der Meinung, dass man Kosten nicht über die Menge, sondern über die Methode reduzieren sollte.

Typische Anlaufkostengrößen: Ein Quiz

Anlaufkosten sind aber mehr als nur Herstellkosten oder Kosten für neues Werkzeug oder Betriebsmittel.

Damit Sie einen Eindruck bekommen, über welches Einsparpotenzial wir sprechen, bitten wir Sie, die folgende Liste zu ergänzen. Auf der folgenden Seite finden Sie dann die Lösung. (Die Werte sind grobe Erfahrungswerte.)

Also: nehmen Sie sich zwei Minuten Zeit, schätzen Sie – und füllen Sie die grauen Kästchen aus für Kosten infolge von Problemen und Schwachstellen bei Serienanläufen.

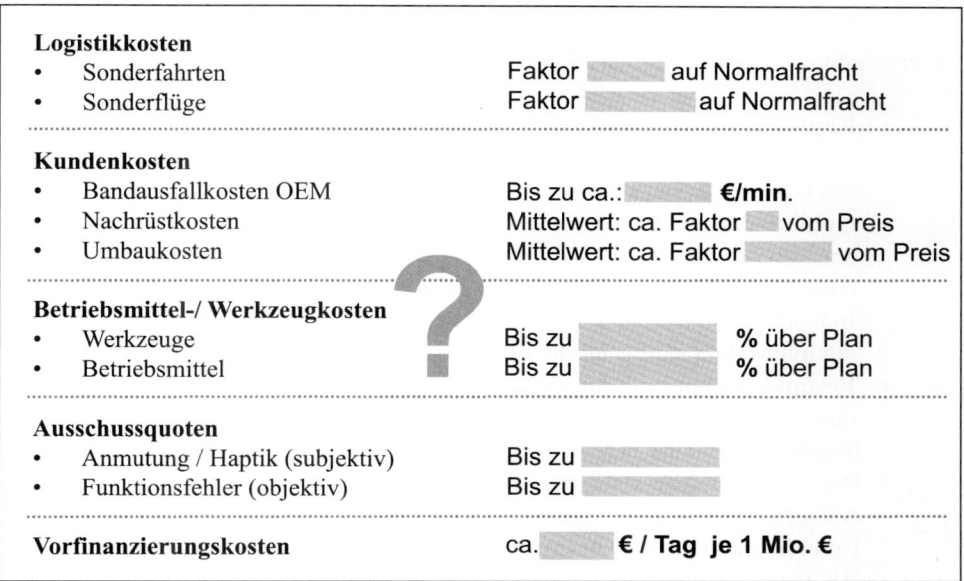

Abb. 5: Die „Kosten-Quiz"-Aufgabe

Hier sehen Sie die Lösung unserer Aufgabe. Wenn man die Faktoren 10-20, 100-200 sieht oder liest, dass Werkzeuge bis zu 100% über Plan liegen können – dann müsste es einem eigentlich schwindlig werden.

Logistikkosten	
• Sonderfahrten	Faktor **10 - 20** auf Normalfracht
• Sonderflüge	Faktor **100 - 200** auf Normalfracht
• **Kundenkosten**	
• Bandausfallkosten OEM	Bis zu ca.: **30.000 €/min.**
• Nachrüstkosten	Mittelwert: ca. Faktor **10** vom Preis
• Umbaukosten	Mittelwert: ca. Faktor **15 – 20** vom Preis
Betriebsmittel-/ Werkzeugkosten	
• Werkzeuge	Bis zu **50% ... 100%** über Plan
• Betriebsmittel	Bis zu **10% ... 30%** über Plan
Ausschussquoten	
• Anmutung / Haptik (subjektiv)	Bis zu **60% ... 90%**
• Funktionsfehler (objektiv)	Bis zu **5% ... 20%**
Vorfinanzierungskosten	ca. **250,-- € / Tag je 1 Mio. €**

Abb. 6: Die Lösung des „Kosten-Quizes"

Aber es gibt noch mehr Kostenarten, die man den Anlaufkosten zurechnen kann, nämlich

- **Kapazitätsanpassungskosten** in Form von Sonderschichten, Wochenend- und Feiertagsarbeiten, externer Vergabe von Teilen und zusätzlichem Personal – beispielsweise Temporaries.
- **Qualitätskosten** in Form von zusätzlichen 100%-Prüfungen, Nacharbeitskosten, Verlesekosten, Q-Residents (dies sind „Abgeordnete" vor Ort, die aus Lieferantensicht die Qualität der angelieferten Teile prüfen – häufig Externe).
  In beiden Fällen handelt es sich im Wesentlichen um Personalkosten: Die Produktivität sinkt häufig auf die Hälfte des Planniveaus.
- **Bestandskosten** in Form von Vorläufen für Änderungen, Sicherheitsbeständen oder Sperrware.

Benchmark:	5 Tage	→ 50	Stockturns
Plan:	5–10 Tage	→ 50–25	Stockturns
Anlauf:	> 20 Tage	→ >13	Stockturns

  Unter Stockturns versteht man den Umschlag des Lagerwertes bezogen auf den HK-Umsatz p.a.

- **Amortisationsausfälle.** Ein verspäteter Produktionsstart stellt die geplante Amortisation der Investition in Frage. Daher haben die Probleme und die damit verbundenen Verzögerungen in der Anlaufphase eine hohe ökonomische Bedeutung.
- **Opportunitätskosten** durch entgangene Gewinne. Aus betriebswirtschaftlicher Sicht ist die Anlaufphase von entscheidender Bedeutung. Denn im Anlauf kommt es häufig zu so genannten „Lost Sales". Auf deutsch: entgangene Gewinne aufgrund einer verspäteten Einführung der Produkte in den Markt. Dies hat Auswirkungen – denn diese entgangenen Gewinne können aufgrund stetig kürzerer Lebenszyklen nicht mehr aufgeholt werden. Dabei werden Produktrenditen gerade in den frühen Phasen der Markteinführung geprägt, eine Phase, in der die Kunden zudem wesentlich preisbereiter auf die Dynamik des Marktes reagieren.

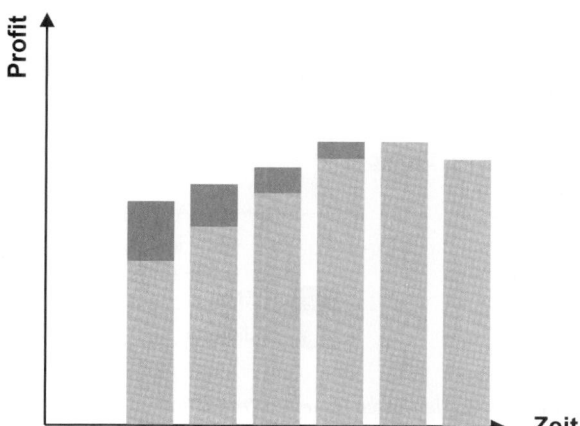

Abb. 7: Entgangene Gewinne

- **Ungeplante Kosten.** Viele Unternehmen kennen ihre ungeplanten Kosten nicht, die aus einem schlechten Anlauf entstanden sind, die aber voll zu Buche schlagen – nämlich für Sonderlogistik, Mehrarbeit, Nicht-Qualität, Änderungskosten u.a.m. Warum? Weil sie häufig keine Kostenträgerrechnung im Projektbereich durchführen.

 Ungeplante Anlaufkosten (=100 Anteile) sinnvoll in Prävention eingesetzt (ca. 20 Anteile) spart 80 Anteile der ungeplanten Kosten – und Nerven!

Besseres Teamwork senkt die Kosten

Wenn es darum geht, die größten Einsparpotenziale im Wertschöpfungsnetzwerk auszuloten, ohne dass bei Qualität oder Funktionalität Einschränkungen gemacht würden, herrscht zwischen den Automobilherstellern und den Zulieferern Konsens: enger zusammenarbeiten lautet die Parole (siehe Abb. 8). Und diese engere Zusammenarbeit beschränkt sich, wie aus der Abbildung hervorgeht, nicht alleine auf die zwischen OEMs und Zulieferer, sondern auch auf eine bessere Abstimmung zwischen Marketing und Vertrieb, F&E und Fertigung. Das Motto lautet auch hier: Prozess- statt Silodenken!

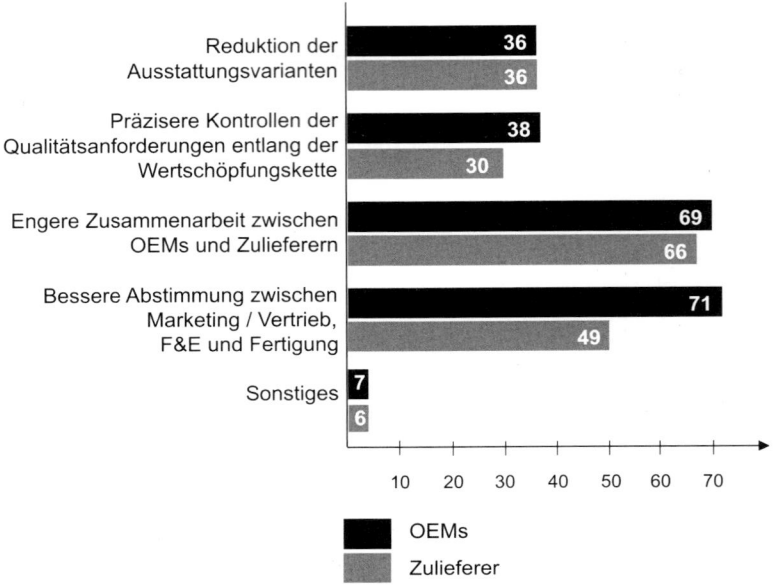

Abb. 8: Besseres Teamwork senkt die Kosten (Quelle: Produktion 25.11.04, S. 1)

Ein kurzes Zwischenfazit

Derzeit sind viele Anläufe noch suboptimal und verschlingen aus diesem Grund hohe Kosten. Durch Optimierung sind die oben genannten Kosten jedoch um Größenordnungen beeinflussbar. Gleichzeitig wollen wir auch festhalten: Wer nichts unternimmt, gleicht einem Autofahrer, der mit 180 km/h durch den Nebel rast.

Den Zeitfaktor beeinflussen
Das Ziel Nr. 2

Wenn wir von „Zeit" sprechen, sprechen wir von Zeitdauer (Durchlaufzeit, Phasendauer) und *Zeitpunkt* (Termin).

Zeitdauer

Viele Unternehmen, die wir kennen, sind überzeugt davon, ihre Anläufe signifikant verkürzen zu müssen. Dies gelingt nur, wenn die Projekte untereinander synchronisiert werden. Viele Unternehmen sehen in der Verkürzung der Anlaufphase ein großes Optimierungspotenzial – aber auch eine nicht zu unterschätzende Herausforderung. Unbedingt erforderlich ist es in diesem Zusammenhang, Multitasking zu vermeiden und sich auf die Nutzung von Engpassressourcen zu konzentrieren.

Auf den Wellenschlag des Marktes reagieren
Das Nokia-Werk Bochum

Haben Sie schon gewusst, dass ein Mobiltelefon aus rund 400 Einzelteilen besteht, die zum Teil nicht größer als ein Sandkorn sind? Auch im Nokia-Werk Bochum weiß man: Der Markt zwingt permanent, die Flexibilität zu steigern. Auch und gerade im Anlauf. Deshalb ist man bemüht, die Fertigungsan- und Hochlaufphasen von Produkten noch besser zu beherrschen – insbesondere die Hochlaufphase neuer Produkte soweit wie möglich zu verkürzen. (Quelle: Produktion 28.5.03, S. 11)

Das Management der *time to market* im Serienanlauf wird zur kritischen Erfolgsdeterminante. Die Aktualität dieser Thematik zeigt sich in der Automobilindustrie aktuell sowohl in stark besetzten Volumen- als auch in attraktiven Nischensegmenten. Denn häufig entscheidet nur ein um wenige Monate verschobener Verkaufsstart über Erfolg oder Misserfolg eines Serienfahrzeugs.

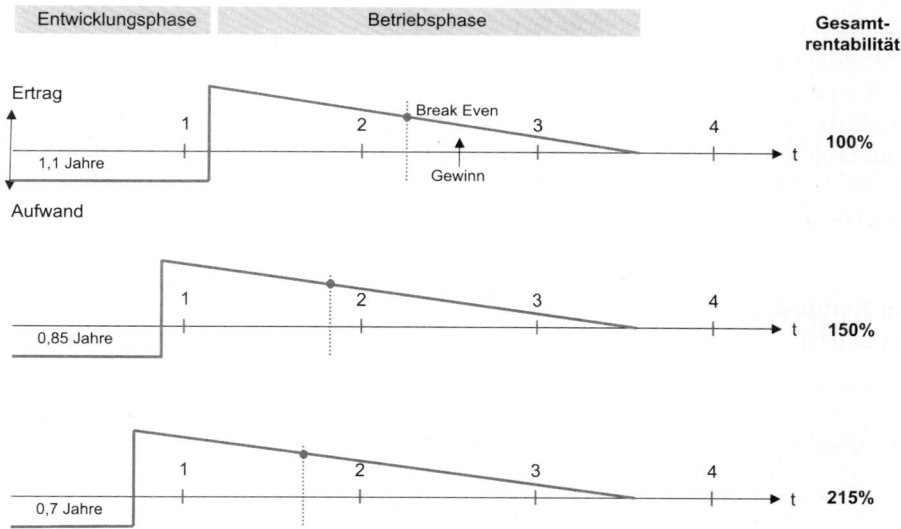

Entwicklungszeit = Serienentwicklung und Produktionsanlauf
Produktlebensdauer = 3,6 Jahre ab Produktidee, linearer Rentabilitätsabfall auf 0

Abb. 9: Auswirkungen des Serienanlaufs auf die Gesamtrentabilität (Quelle: VDI)

43

In Abb. 9 wird von einer Produktlebensdauer von 3,6 Jahren ab Produktidee ausgegangen. Sie veranschaulicht sehr schön, welches die Auswirkungen auf die Gesamtrentabilität sind, wenn die Entwicklungszeit verkürzt wird. Diese beträgt zunächst einmal 1,1 Jahre. Wird sie auf 0,85 Jahre verkürzt, erhöht sich die Gesamtrentabilität auf 150%, bei einer weiteren Verkürzung auf 0,7 Jahre sogar auf 215%.

Umgekehrt führt eine Anlaufverzögerung zu schwerwiegenden wirtschaftlichen Folgen – nicht nur im eigenen Unternehmen, sondern bei allen Partnern in der Lieferkette.

Boxenstopp beim Formel-1-Rennen: Was wir daraus lernen können

Ziel bei Formel-1-Rennen ist es, die Stoppzeit in der Box zu verkürzen. Rennteams schaffen es in weniger als zehn Sekunden,

- das Fahrzeug aufzutanken,
- Reifen zu wechseln,
- das Visier des Fahrerhelms zu reinigen etc.

Warum? Weil ein eingespieltes Team bereitsteht, in der richtigen Position, mit dem richtigen Werkzeug in der Hand, und jeder genau weiß, was er zu machen hat. Weil Standards existieren – bei den Abläufen, und weil es Lessons Learned und eine klare Kommunikation gibt.

Zeitpunkt

Bei Anlaufprojekten geht es vor allem auch um Termine und Termintreue innerhalb der Wertschöpfungskette. Termintreue ist das A und O.

Aufgrund der vollständigen Abkehr von einer sequenziellen Anlaufstrategie verbessert sich die Termintreue eklatant.

Kein Wunder – weil hier Prinzipien einfließen, die auch bei der Methode „Critical Chain Project Management" angewendet werden: stichwortartig seien an dieser Stelle nur genannt das „Staffellaufprinzip" und das Prinzip, den Termin des Projektes abzusichern – und nicht von Einzelaktivitäten. (Dies werden wir ausführlicher in Kapitel 4.5 darstellen.)

Null-Fehler-Qualität erzeugen
Das Ziel Nr. 3

Über das Thema Qualität ist viel geschrieben worden. Der Qualitätsbegriff hat in unserem Zusammenhang vier Dimensionen: es geht um die Qualität des Produktes, des Prozesses, der Dienstleistung und des Risikomanagements.

Produkt

Um Qualität zu managen, gibt es eine Fülle an Normen: die DIN EN 9000-1, 9001, 9002, 9003, 9004-1, DIN ISO 8402 und DIN EN 9000-2.

Der Output eines Unternehmens besteht in Produkten. Die sollten alle ohne Fehler sein. Sind sie aber häufig nicht. „Wäre das Selbstverständliche wirklich selbstverständlich, würden nur fehlerfreie Produkte hergestellt und so das Vertrauen der Kunden gewonnen..." (Takeda 2002) Produktqualität muss erzeugt werden – und nicht erprüft. Produktqualität ist das, was sich als Ergebnis konkretisiert. Und mangelhafte Produktqualität kann das Überleben eines ganzen Unternehmens gefährden.

Prozess

Jedes Produkt, jede Dienstleistung ist das Resultat von Arbeit. Genauer gesagt: einer Aufeinanderfolge von Aktivitäten. Diese Aktivitätenfolge nennt man „Prozess". Fakt ist: Für unterschiedliche Produkte existieren auch unterschiedliche Prozesse. Und nicht nur Produkte müssen fehlerfrei sein, sondern auch die Prozesse, die zu den Produkten führen. Qualität entsteht vor allem in den Prozessen. Aber auch das Produkt (Design) hat Auswirkungen.

Wir kennen Fälle, in denen der Kunde möchte, dass ein bestimmtes Teil dieses Jahr beispielsweise mit maximal 100 ppm, nächstes Jahr mit 80 und das Jahr darauf mit 50 ppm produziert wird. Das ist noch nicht schlimm – schlimm ist, dass diese Vereinbarung unterschrieben, aber nicht gelebt wird.

Denn häufig ist die Situation diese: dass man im Unternehmen von einer bestimmten ppm-Größe ausgeht, ohne exakt zu wissen, ob der Prozess diese Größe überhaupt realisieren kann! Andersherum wird ein Schuh draus: die ppm-Zahl muss aus der unternehmensindividuellen Prozesslandschaft abgeleitet werden (und nicht umgekehrt: ein ppm-Ziel beim Kunden akzeptieren und dann versuchen, an den Prozessen herumzulaborieren, bis es funktioniert!) Es geht also darum, Prozesse zu gestalten, die sicher sind.

Dienstleistung

In Anlaufprojekten sind auch externe Dienstleister involviert, die optimale Qualität abliefern müssen. Allerdings steckt das Thema „Dienstleistungsqualität" noch in den Kinderschuhen. Es gibt noch kein Patentrezept – außer der sorgfältigen Qualifizierung der Dienstleister mit Blick auf eine langfristige Zusammenarbeit.

Risikomanagement

Ziel-, Steuer- und Kenngrößen in einem Projekt sind Qualität (Q), Kosten (K), Termin (T) und Stati. Alle Einflüsse auf ein Projekt, zum Beispiel Personalveränderungen u.ä., sollten hinsichtlich QKT bewertet werden. Wird bei einer dieser Kenngrößen das Ziel verfehlt, so existiert ein Risiko für das Projekt. Um ein Beispiel zu nennen: Aus dem laufenden Projekt wird, aus welchen Gründen auch immer, ein langjähriger, erfahrener Entwickler herausgenommen und dafür ein junger Entwickler integriert. Dieser „Wechsel" führt unweigerlich zu Problemen – nämlich in Sachen Qualität oder Termin, weil der Neue eingearbeitet werden muss und nicht von jetzt auf nachher auf Ballhöhe sein kann.

Am liebsten ruft man still zurück

Die steigende Anzahl an Anlaufprojekten und die zunehmende Komplexität führte allerdings in der jüngsten Vergangenheit immer wieder zu Qualitätsproblemen – und in der Folge zu teuren Rückrufaktionen. Seit 1998 haben sich beispielsweise Fahrzeug-Rückrufaktionen beinahe mehr als verdreifacht (siehe Abb. 10).

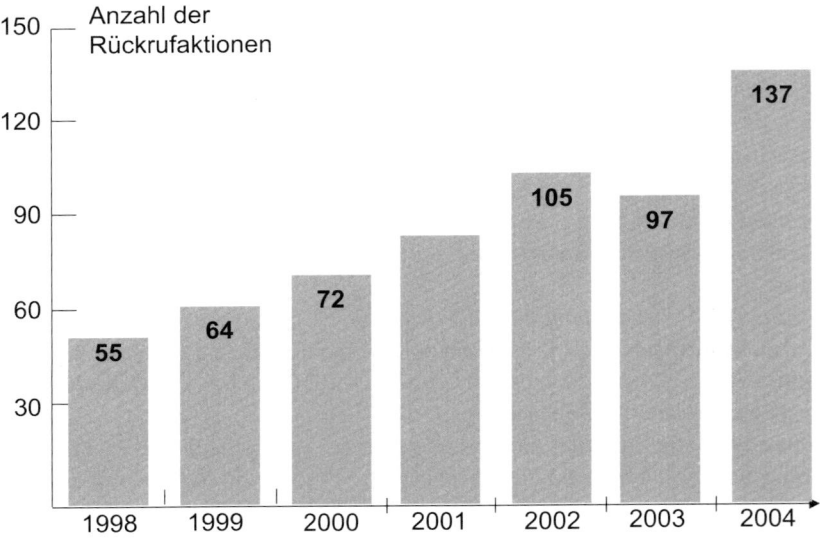

Abb. 10: Teure Fahrzeug-Rückrufaktionen – Folgen nicht beherrschter Prozesse und mangelhafter Qualität (Quelle: Kraftfahrt-Bundesamt, Produktion 10.2.05, S. 1)

Qualität – ein „brennendes Thema"

Qualität ist ein „brennendes Problem für die deutsche Industrie". So jedenfalls konstatierte die Fachzeitschrift Produktion auf der Titelseite in ihrer Ausgabe vom 25. November 2004. Die Industrie spiele mit der Qualität – ein Spiel mit dem Feuer. Dabei droht das Prädikat „Made in Germany" in Rauch aufzugehen. Warum? Weil der Spagat zwischen Kosteneffizienz und Produktqualität zunehmend zum akrobatischen Akt wird, der an den Kräften der Wettbewerbsfähigkeit zehrt. Aber gerade „Qualität" ist ein ausschlaggebender Faktor, wenn ein neues Produkt am Markt erfolgreich sein soll – auch und gerade dann, wenn neue Produkte geplant werden.

An die Produkte werden immer höhere Anforderungen gestellt, hinsichtlich Zuverlässigkeit und Produktsicherheit. Rechtliche Rahmenbedingungen haben diesen Trend in den vergangenen Jahren noch verstärkt, denken Sie nur an das Thema Produkt- oder Produzentenhaftung oder Aspekte wie Verkehrssicherungspflicht, Dokumentations- und Informationsschutz, aber auch strafrechtliche Verantwortung.

Das „Bananen-Syndrom"

Oder benötigen wir vielleicht doch ein neues Gütesiegel, beispielsweise „Made in the European Union"? Kritiker sagen: kaum. Was wir benötigen, ist ein neues Qualitätsbewusstsein in den Unternehmen. Nicht ganz zu unrecht, wie wir meinen. Denn wer schon einmal eine unreife Banane im Supermarkt gekauft und sie zuhause hat reifen lassen, hat vielleicht Ähnliches schon einmal beobachtet, wenn es um neue Produkte geht. Die reifen neuerdings beim Kunden. Die Folge: Eine steigende Anzahl von Rückrufaktionen, nicht nur bei Neufahrzeugen. Auch die Hersteller von Wasserkochern, Kinderstühlen, Kinderspielzeug oder Heizdecken rufen in unregelmäßigen Abständen ihre Produkte zurück.

28.12.2004: BMW ruft 75.000 Autos der 5er- und 7er-Baureihe zurück

Apropos „Heizdecke": Vielleicht haben Sie ja am 28.12. ebenfalls in den Nachrichten gehört, dass BMW 75.000 Autos der 5er- und 7er-Baureihe zurückgerufen hatte. Der Grund: Probleme mit der Sitzheizung. Die Heizungsmatten „könnten beim Sitzen beschädigt werden", hieß es bei BMW. In Extremfällen seien auch leichte Verbrennungen nicht auszuschließen. Die Rückrufaktion kostet das Unternehmen voraussichtlich 16 Millionen Euro.

29.12.2004: Porsche ruft 18.000 Autos zurück

Einen Tag später, am 29. Dezember, kam in den Nachrichten die Meldung über Porsche. Beim Porsche Carrera 911 könne sich unbeabsichtigt das Verdeck öffnen. Konkret ging es um Autos der Baujahre 1993 bis 1998. Hier wurden 18.000 Fahrzeuge zurückgerufen.

Kunden werden zufrieden gestellt durch die Qualität, die vereinbart wurde (und im Idealfall noch übertroffen).

Erfolgsregeln:

- Um Qualität managen zu können, muss man die Kundenbedürfnisse kennen und ihnen folgen.
- Prozesse, die Qualität herstellen, müssen kontinuierlich verbessert werden (KVP), indem permanent die Abläufe analysiert und optimiert werden. Dabei hilft auch, Ursachen von Beschwerden und Reklamationen zu erforschen und zu beseitigen.
- Qualität geht jeden im Unternehmen an. Jeder Mitarbeiter muss wissen, was Qualität in seinem Umfeld bedeutet. Dies bezieht sich auf die Prozesse, in denen er arbeitet, und auf die Produkte, die er herstellt. Total Quality Management steht für die Idee, dass anstelle eines Qualitätskontrollers die gesamte Organisation für Qualität verantwortlich ist – vom Augenblick der Anlieferung der Rohmaterialien bis zu dem Moment, an dem das Endprodukt das Werk verlässt.
- Auch beim Thema Qualität gilt: Effizienz statt Perfektionismus. Dies bedeutet, dass der Qualitätsmaßstab nach der Notwendigkeit gesetzt wird.

Qualifizierte Mitarbeiter, die „Anläufe leben"

Anlaufmanagement benötigt auch den Menschen – nämlich qualifizierte Mitarbeiter, die das „Anlaufmanagementsystem" leben. Ein Serienanlauf funktioniert nur, so unsere Erfahrung, wenn Sie die Mitarbeiter konsequent in die Gestaltung der Abläufe einbeziehen. Denn wenn Sie versuchen, neue, qualitativ hochwertige Produkte zu niedrigen Kosten in kürzester Zeit zu liefern, aber die Entwicklung Ihrer Mitarbeiter vernachlässigen, dann werden Sie keinen Erfolg haben.

> …Habe den Eindruck, dass unser „Anlaufmanager" die Dinge gerade schleifen lässt. Das aber ist gefährlich, weil unsere Anlaufkurve ziemlich steil ist. Haben meines Erachtens auch zu spät mit den Schulungen begonnen. Wir haben viele neue Mitarbeiter in der Produktion und jetzt schon gewaltige Stückzahlsteigerungen. Fatale Kombination.

Die Qualität der Arbeit ist nicht abhängig vom Fachwissen allein. Auch von Orientierungswissen. Allgemein gesprochen: von der Fähigkeit, zu Lösungen zu kommen. Mitarbeiter bringen in der Regel eigene Qualifikationen bereits mit. Sie müssen aber auch mit weiteren Qualifikationen versehen werden. Damit Mitarbeiter Ziele erreichen, muss man sie befähigen, schulen, sie trainieren. Damit sie erfolgreich mit neuen Methoden arbeiten.

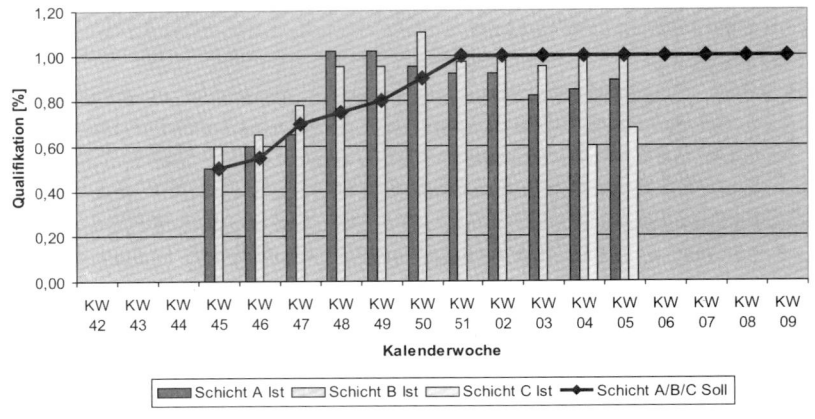

Abb. 11: Mitarbeiterqualifikation

Hier hilft als Instrument die Qualifikations-Matrix, beispielsweise in der Anwendung des Problemlösungsprozesses.

Auch wenn solch eine Matrix formal schön aussehen mag, so darf sie nicht darüber hinwegtäuschen, dass es sich um ein äußerst kritisches Thema handelt. Denn obwohl sie eine Arbeitsinhaltsbeschreibung enthält, die die Mitarbeiter beherrschen sollten, muss man neben den Inhalten auch Zielvorgaben für Vorgesetzte machen. Zielvorgabe meint, wie und in welcher Zeit die Mitarbeiterleistung gesteigert wird, um die Mitarbeiter auf 100% der Leistung zu bringen, damit personenbedingte Fehler vermieden werden (siehe Abb. 11).

Abb. 12 zeigt einen Maßnahmenplan. Im Detail: Zielvorgabe für Vorgesetzte ab KW 45, für Schicht 1 und 2 Qualifikation steigern, ab KW 04 neue dritte Schicht. Erfahrene Mitarbeiter wurden aus Schicht 1 und 2 in die dritte Schicht verteilt und neue Mitarbeiter (ca. 30) auf alle Schichten aufgeteilt. Zusätzlich erfolgte eine Absicherung der Qualität während der Ausbildungs- bzw. Aufbauphase über verstärkte Laufaudits.

MA-Leistung

Abb. 12: Mitarbeiterleistung

Zwei Beispiele:

Gelungener Produktionsanlauf: Kinkele

Die Firma Kinkele ist ein mittelständischer Stahl- und Edelstahlverarbeiter. Anlass, sich strategisch neu zu orientieren, war ein Großauftrag von Siemens Transportation Systems. Kinkele baut nämlich das Alu-Chassis der weltweit erfolgreichen Niederflur-Straßenbahn „Combino". Die risikoreiche Startphase wurde innerhalb eines halben Jahres bewältigt, die kontinuierliche Produktivitätsverbesserung hat vollen Tritt gefasst. Der gelungene Produktionsanlauf ist ein instruktives Fallbeispiel: denn als Schlüsselfaktor des Projektes erwies sich die gründliche Mitarbeiter-Qualifizierung. 25 Werker wurden während eines dreimonatigen Trainingsprogramms systematisch in die Aluminiumverarbeitung einge-wiesen. (Quelle: Produktion 31.7.03, S. 5).

Serienanlauf einer neuen Produktfamilie

Die Meteor Gummiwerke K.H. Bädje GmbH & Co. KG ist Hersteller von Schaum- und Dichtgummis. Und hatte vor nicht allzu langer Zeit das Problem, dass die Bestände zu hoch waren, die Arbeitsprozesse schlecht verkettet, die Durchlaufzeiten zu lang. „Die Folge: Wettbewerber holen auf und verschärften die Marktbedingungen. ‚Wir gerieten unter Kostendruck', berichtet Ralph Winkler, Leiter der Abteilung Fertigungsplanung. Die neue Geschäftsleitung entschloss sich zum raschen Turnaround. Mit Methoden der Lean Production, dem aus Japan stammenden Konzept einer schlanken Produktion, sollte die Fertigung unter Wertstromgesichtspunkten völlig neu gestaltet werden. Ziel war es, einen kontinuierlichen Materialfluss durch alle Arbeitsstationen zu schaffen.

Den Startschuss für das Projekt bildete der Serienanlauf einer neuen Produktfamilie, und zwar des kompletten Dichtungsumfangs für einen Roadster. „Idealerweise konnten wir den Neuanlauf dieser Produktion in einer leeren Halle planen, die extra dafür freigeräumt wurde", erzählt Winkler. Mit seinen Kollegen vom Bereich Industrial Engineering plante er das neue Layout so, dass heute alle Verfahrensschritte in derselben Halle untergebracht sind. Sie achteten auf kurze Wege zwischen den Arbeitsstationen und bauten Puffer ein, so genannte Supermärkte, aus denen sich nachfolgende Stationen jederzeit mit Teilen versorgen können. „Außerdem stellten wir mehr Maschinen auf als bisher nötig waren", erläutert der Fertigungsplaner. „Damit ist zwar keine Komplettauslastung mehr gegeben, aber der Arbeitsablauf wird nicht durch Umrüsten unterbrochen."

Ende November 2003, nach einjähriger Planungsphase, erfolgte der Serienanlauf. Vorausgegangen waren breit angelegte Schulungen der 140 einbezogenen Mitarbeiter."
(Quelle: http://www.bestpractice-it.de/mum/mum-innovation1.shtml)

Die Frage lautet an dieser Stelle nun: Wie können Sie all der Herausforderungen, die wir in Kapitel 1 genannt haben, Herr werden, und gleichzeitig die Ziele erreichen?

2.2   Das Gesamtkonzept
Prävention statt Troubleshooting

*Intelligenter arbeiten
– nicht härter.*

Der Blick auf's Ganze: Unser Grundverständnis

Die Herausforderungen für das Management von Serienanläufen haben sich verändert – und zwar gravierend. Wir haben es Ihnen in Kapitel 1 geschildert. Wer jedoch sein Anlaufmanagement optimiert, hat zur Zeit ein fast unerschöpfliches Potenzial, um Wettbewerbsvorteile zu erzielen. Wer seine Kompetenz in Sachen Anlauf jetzt und künftig ausbaut, liegt sicherlich auf der richtigen Seite.

Wer aber nachhaltig Erfolg haben möchte, muss systematisch und konsequent an die Sache herangehen. Denn auch bei Serienanläufen steckt die eigentliche Problematik, wie so häufig, im Detail. Das Ziel muss jedoch lauten: den Anlaufprozess zu beherrschen (und damit die Qualität, die Kosten und auch den Zeitfaktor).

Der Gestaltungsrahmen: modular, flexibel, anpassbar

Um Serienanläufe zu optimieren, haben wir einen modularen, flexiblen, unternehmensspezifisch anpassbaren Gestaltungsrahmen entwickelt. Denn nur so werden Probleme in Unternehmen nachhaltig gelöst. Dieser Gestaltungsrahmen umfasst nach unserem Verständnis die Bereiche

- standardisierte Anlaufprozesse,
- die Person bzw. Rolle eines Anlaufmanagers, der die Anlaufprozesse steuert, koordiniert und überwacht sowie zentrale Handlungsfelder inklusive der Erfolgsfaktoren und schließlich

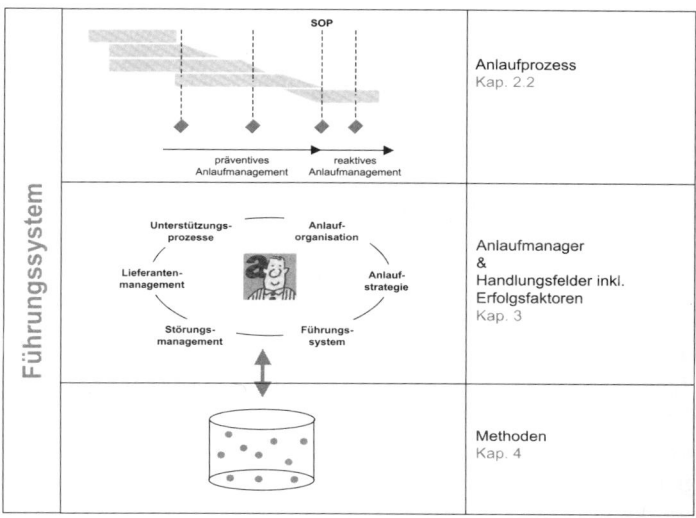

Abb. 13: Der Gestaltungsrahmen im Anlaufmanagement

51

- Methoden im Sinne eines Handwerkszeugs, um erfolgreich in den Handlungsfeldern agieren zu können und das Anlaufprojekt zum Erfolg zu führen (siehe Abb. 13).

Der Gestaltungsrahmen dient zur Anlaufsicherung über alle Phasen des Produktentstehungsprozesses (Neuprojektierung). Er sichert ein systematisches, effizientes, flexibles konsequentes Vorgehen, wenn

- durch einen Auftragnehmer die Erfüllung festgelegter Forderungen während der Neuprojektierung (z. B. Lastenheftanforderungen, Termine, Lieferservice) oder
- interne Forderungen (z. B. Budget, Projektrentabilität) zu sichern sind.

Prozesse. Auch Anlaufprozesse müssen zunächst einmal standardisiert und kontinuierlich verbessert werden. Das Ziel ist, vom bisherigen Projektcharakter des Anlaufs zu einem wissensbasierten Prozess zu gelangen. Anläufe müssen künftig strukturiert, fehlerminimal, parallel und in kurzer Zeit durchgeführt werden. Darum ist ein strukturierter und dokumentierter Anlaufprozess die Basis unseres Konzeptes.

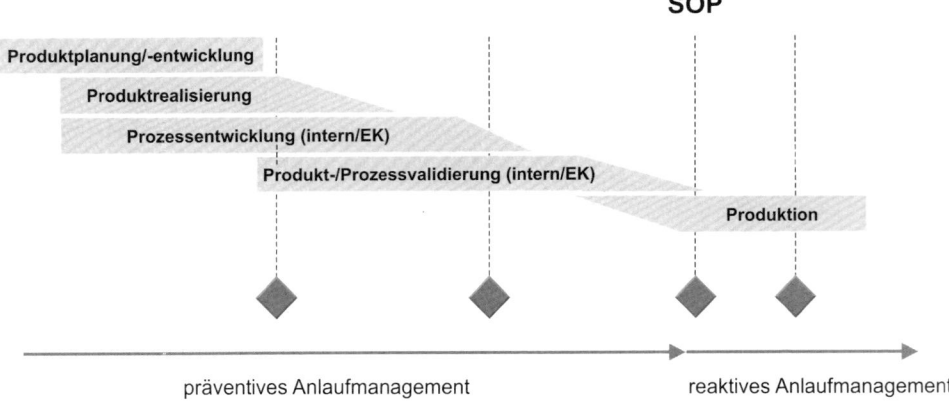

Abb. 14: Die Prozesssicht

Wissensbasiert meint: Das Anlauf-Team muss künftig dabei unterstützt werden, aus früheren Anläufen zu lernen bzw. auftretende Probleme anhand der Betrachtung früherer Vorgehen (schneller) zu lösen bzw. die Wiederholung von Fehlern zu vermeiden. Erfahrungen im Sinne von BestPractice-Ansätzen aus bereits erfolgreich realisierten Anlaufprojekten müssen aus diesem Grund unbedingt integriert und in Folgeprojekten mitberücksichtigt und eingesetzt werden. Außerdem können auf diese Weise potenzielle Anlaufprobleme systematisch antizipiert werden.

… Gefragt, welche Methoden wir einsetzen, meinte Kollege Meyer: „Wir sind fit in der QFD und bei der Produkt-FMEA". Habe bei dieser Gelegenheit erfahren, dass vergangenes Jahr eine FMEA eingeführt wurde. Wo ein Muster zu finden ist, konnte allerdings heute keiner sagen…

Darauf aufbauend gilt es, die Engpassprozesse und deren Einflussgrößen zu identifizieren. Die Engpassprozesse müssen intensiv beobachtet werden. Dies gelingt mit Hilfe der Frühwarnindikatoren QKT, indem der Status verfolgt und bei Terminabweichungen sofort reagiert wird. Hilfreich ist in diesem Zusammenhang eine Methode namens „Critical Chain Project Management" (siehe Kap. 4). Elemente des Anlaufprozesses sind Quality-Gates, (Zwangs-)Abläufe und Meilensteine.

… Sind heute den Projektplan durchgegangen. Und die einzelnen Aufgaben, die bis zum nächsten Meilenstein anstehen. Meier und Kunze sind noch in zwei weitere laufende Projekte eingebunden. Wie sie es denn schaffen würden, ihren Beitrag zu unserem Anlaufprojekt zu leisten? Die lapidare Antwort: „Keine Ahnung!"

Anlaufmanager und Handlungsfelder

Ein Unternehmen besteht nicht nur aus Prozessen. Ein Unternehmen besteht aus Menschen, die in einer Organisation an Prozessen arbeiten. Also darf sich ein Ansatz nicht ausschließlich auf die Prozesse konzentrieren, sondern muss die menschlichen und organisatorischen Belange ebenfalls berücksichtigen. Der Blick muss dem Ganzen gelten, nicht nur dem Ausschnitt, der „Prozesse" heißt.

Genau aus diesem Grund haben wir uns, kaum verwunderlich, für einen Ansatz entschieden, der eben mehr berücksichtigt als „nur" die Prozesse (siehe Abb. 15). Er umfasst die Rolle des Anlaufmanagers und sechs zentrale Handlungsfelder.

Dieser Anlaufmanager muss befähigt werden, keine Frage. Darauf werden wir ausführlich im nächsten Kapitel eingehen.

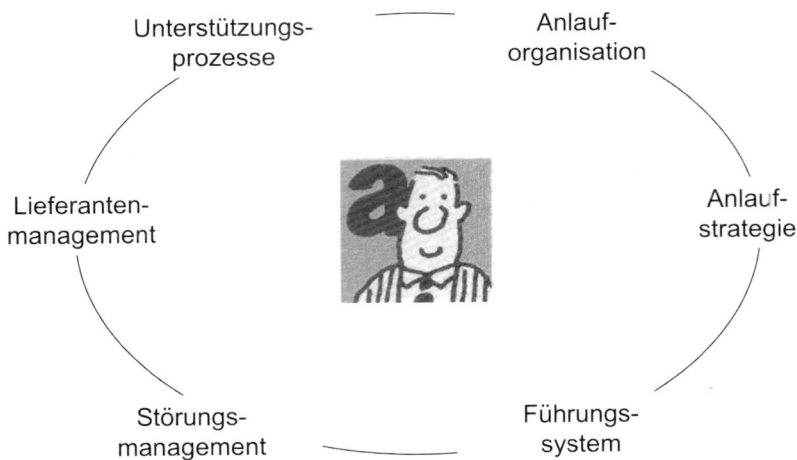

Unterstützungs-
prozesse

Anlauf-
organisation

Lieferanten-
management

Anlauf-
strategie

Störungs-
management

Führungs-
system

Abb. 15: Der Anlaufmanager und die zentralen Handlungsfelder

Methoden – Systematisch ans Ziel

Unser Ansatz umfasst wirkungsvolle, einfach zu handhabende Methoden (inkl. Instrumente und einfache Hilfsmittel wie beispielsweise Checklisten), die reaktive Angewohnheiten durch eine dynamische, flexible und präventive „Taktik" ersetzen (siehe Abb. 16). Diese Methoden müssen dem Anlaufmanager an die Hand gegeben werden (was wir in Kapitel 4 thematisieren werden).

Critical Chain Project
Management

Audit

Liste offener Punkte

Leistungsschnittstellen-
vereinbarung

FMEA

Regelkommunikation

Lessons Learned
Workshop

Abb. 16: Die Methoden

Es kommt, darauf hinzuweisen ist uns wichtig, sehr auf das richtige Zusammenspiel von Anlaufprozess, Handlungsfeldern und Methoden an.

Den Serienanlauf in den Griff bekommen

Unsere Erfahrung zeigt: Lösungen und Verbesserungen in einer kritischen Anlaufsituation um den SOP sind fast immer reaktiv, selten proaktiv. Proaktiv meint ganz einfach, vor Ereignissen bereits zu agieren, das Gegenteil von „reaktiv".

Reaktiv von Krise zu Krise zu eilen, kann einen zwar ganz schön auf Trab halten. Es vermittelt aber den falschen Eindruck, immer vorne dabei zu sein. In Wirklichkeit zeigt dieses Verhalten nur, dass man die Kontrolle verloren hat. Und nicht nur das: schnell ist man in einem Teufelskreis. Denn alte Themen alter Anläufe sind nicht ausgestanden, Ressourcen werden nach wie vor mit alten Themen belastet, außerdem findet dadurch ein negatives Multitasking statt. Die Folge: Neue Themen leiden unter den alten, ein neues Anlaufprojekt „sackt ab".

„Eine kurze Markteintrittszeit und das schnelle Erreichen der Kammlinie sind entscheidend für den Erfolg eines Produktes. Doch die steigende Zahl an Neuprodukten und die daraus resultierenden parallelen Serienanläufe sowie die Vergabe von Entwicklungsdienstleistungen an Lieferanten führen dazu, dass Feuerwehr-Aktionen und Ad-hoc-Entscheidungen zur gängigen Praxis im Produktentstehungsprozess zählen. (Risse, Schneller im Produktanlauf, DVZ Nr. 124, 19. Oktober 2004, S. 13)

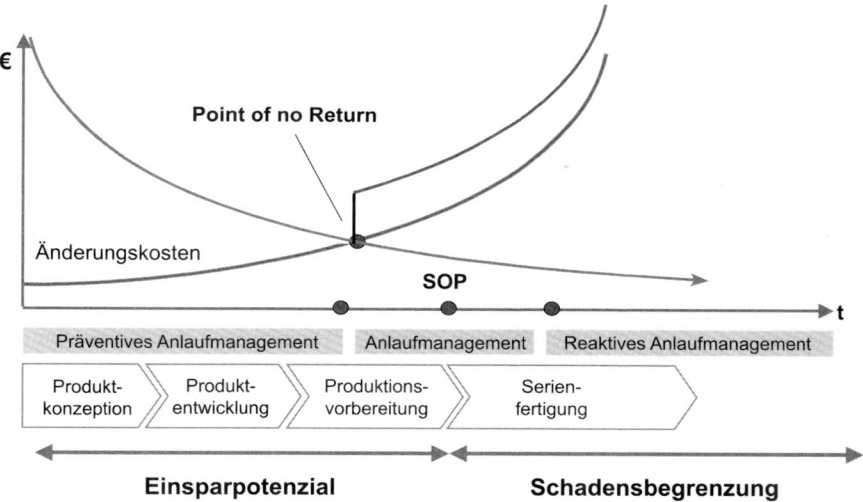

Abb. 17: Der Point of no Return

In diesem Sinne sind sie mehr eine Schadensbegrenzung – Troubleshooting steht dann bei vielen Unternehmen auf der Agenda, „operative Hektik" wie der Volksmund auch zu sagen pflegt. Denn: zahlreiche Probleme, meist unvorhergesehene, prägen das Tagesgeschäft. Wünschenswert wären jedoch: Transparenz, ausreichende Informationen, ein effizientes Reporting, Standards, qualifizierte Mitarbeiter.

Anlaufmanagement: präventiv oder reaktiv?

Präventiv meint, eine Gewohnheit, eine Routine, einen Standard aus den folgenden oft vernachlässigten Aktivitäten zu machen: ehrgeizige Ziele festlegen; sich auf Problemverhinderung konzentrieren anstatt auf Brandbekämpfung; klare Prioritäten setzen; die ständige Frage nach dem „Warum" einer Handlung – anstatt der blinden Verteidigung nach dem Motto „So machen wir das eben hier!"

Betrachtet man den engen Fehlerspielraum innerhalb der heute existierenden wettbewerbsintensiven Umgebung, so bedeutet „präventiv an das Thema Anlaufmanagement herangehen" nichts anderes als Dinge zu verhindern, noch ehe sie eintreten können. Wenn wir in Unternehmen sind, stellen wir häufig erst einmal Fragen: Warum beugen Sie bei Neuanläufen nicht vor? Fehlen Standards? Mangelt es an Effizienz und Transparenz? Sind Sie nicht konsequent genug in der Umsetzung, im Verfolgen der Vereinbarungen und Ziele? Lernt Ihre Organisation nicht aus gemachten Fehlern?

Häufig hören wir dann als Antwort: Wir wollen zwar vorbeugen, aber wir schaffen es nicht. Warum? Weil es ein Phänomen gibt, das als „Konstanzer Badewanne" bekannt ist (siehe Abb. 18): Wenn Sie Veränderungen anstreben und beispielsweise auf ein höheres Qualitätsniveau gelangen wollen, dann haben Sie zu Beginn zunächst einmal einen deutlichen Mehraufwand (!), zusätzlich zum Tagesgeschäft.

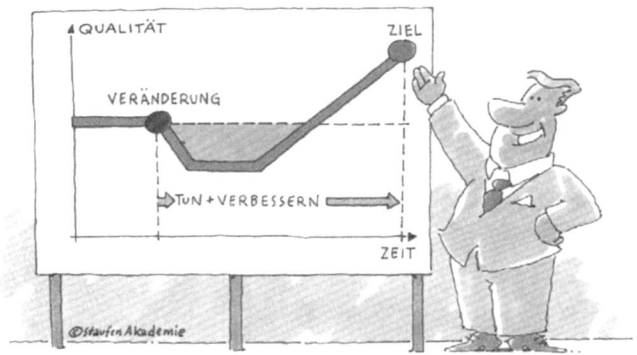

Abb. 18: Der Effekt „Konstanzer Badewanne"

 Audi erobert virtuelles Terrain: dank Digitaler Fabrik

Bei Audi ist man seit längerer Zeit dabei, durch den konsequenten Einsatz der Digitalen Fabrik einen schnelleren und stabileren Produktionsanlauf zu erreichen. Und nicht nur das: auch eine Reduzierung der Produktionsplanungs-Aufwendungen um rund 30% und eine weitere Verbesserung der Qualität der Fahrzeuge und Anlagen. Auch die Änderungskosten wurden deutlich gesenkt. Fazit des Koordinators und Projektleiters der Digitalen Fabrik bei Audi: „Ohne virtuelle Planungsmethoden könnte man mehrere Modellanläufe pro Jahr nicht realisieren." (Quelle: Produktion 4.9.03, S. 8)

Fehlern vorbeugen (Prävention)

Ziel präventiver Maßnahmen ist es, eine gleichbleibend hohe Prozess- und Produktqualität zu gewährleisten. Damit Stillstände vermieden werden, müssen Lieferanten termingerecht in gleichbleibender Qualität anliefern.

Im systematischen Einsatz präventiver Methoden liegt der Schlüssel zur präventiven Qualitätssicherung. Das Ziel muss lauten: Fehler von vornherein zu vermeiden, Produkte gegen Störgrößen unempfindlich und die Prozesse robust zu machen.

Prävention umfasst aber auch die Faktoren Zeit und Kosten. Aus diesem Grund werden wir uns in Kapitel 3 auch eingehender mit den Themen Störungs- und Risikomanagement beschäftigen.

Was kostet Prävention?

Warum, so wird man sich vielleicht zunächst einmal fragen, wird aktuell so wenig in Prävention investiert? Antwort:

- Der ROI eines Präventivansatzes lässt sich nur schwer, häufig überhaupt nicht ermitteln, da häufig Daten über Sonderkosten eines Anlaufes nicht zur Verfügung stehen.
- Teilweise existiert in Unternehmen eine „Rettermentalität" von Führungskräften nach dem Motto: „Wenn ich nicht eingegriffen hätte, wäre es noch schlimmer gekommen!"

Beim reaktiven Ansatz haben Unternehmen Kosten für die Prävention, Prüfkosten – und in der Regel hohe Fehlerkosten und Fehlerfolgekosten, die aus dem Troubleshooting resultieren.

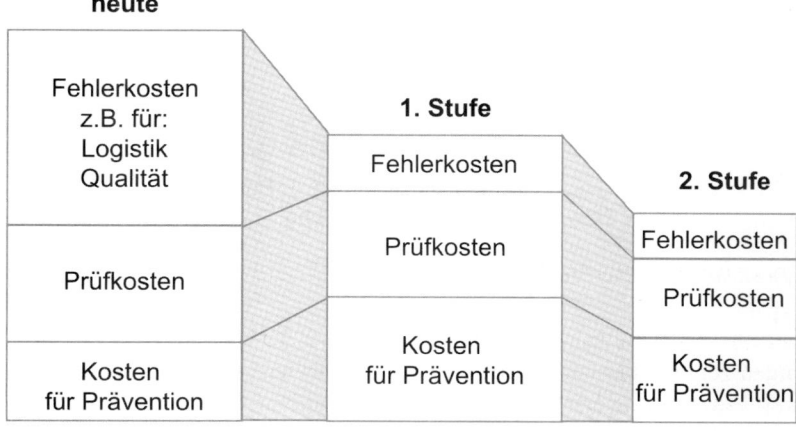

Abb. 19: Kosten senken durch Prävention

Beim präventiven Ansatz fallen in der 1. Stufe zunächst einmal *Initialkosten* (Einmalkosten) an, nämlich Projekt- und Beratungskosten, aber auch Kosten für Software. Diese Kosten sind anfangs hoch, weil es um die Implementierung eines neuen Anlaufmanagementsystems (AMS) geht. Dann gibt es aber auch *laufende Kosten*, weil das System überwacht und gepflegt werden muss – beispielsweise durch einen Prozessverantwortlichen. Diese Kosten sind in der 2. Stufe deutlich niedriger (siehe Abb. 19).

Prävention lohnt sich. Dies lässt sich auch von einer anderen Seite sehr anschaulich zeigen.

Die Zehnerregel

Fehlern präventiv zu begegnen bedeutet, ihre Ursachen schon im Vorfeld zu erkennen und zu beseitigen. Auf diese Weise wird das Auftreten von Fehlern vermieden. Mit einer derartigen Strategie werden auch Folgefehler mit „Schneeballeffekt" im Ansatz bekämpft. Die Einsparungsmöglichkeiten lassen sich mit Hilfe der so genannten Zehnerregel abschätzen. Danach steigen die Kosten der Fehlerbehebung für einen Fehler, der in der Entwicklung entstanden ist und erst in der Ablaufplanung behoben wird, bereits um das Zehnfache. Wird der Fehler erst in der Fertigung behoben, erhöhen sich die Kosten noch einmal um den Faktor zehn. Entsprechendes gilt für die Fehlerbeseitigung während der Prüfung und schließlich im Einsatz (siehe Abb. 20).

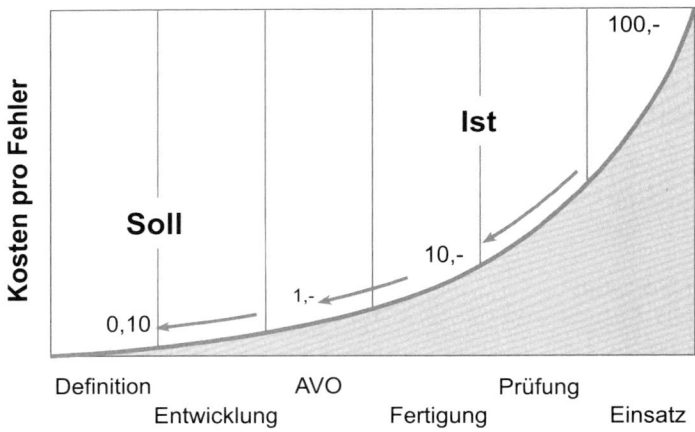

Abb. 20: Die Zehnerregel der Prävention

Erfahrungen zeigen, dass zirka 70% aller Fehler bis zur Arbeitsvorbereitung entstehen. Aber zu 80% werden sie erst während der Prüfung und im Einsatz entdeckt und beseitigt. Es ist offensichtlich, dass durch eine präventive Strategie erhebliche Kosten eingespart werden können. Zwar erfordern sie einen erhöhten Ressourceneinsatz (Aufwand) in frühen Phasen des Produktentstehungsprozesses. Aber der wird durch überproportionale Einsparungen in Folgephasen mehr als kompensiert.

Kamiske und Theden von der Technischen Universität Berlin haben 1993 deutsche Unternehmen untersucht, um die Kostenwirkungen von Qualitätstechniken beurteilen zu können. Dazu ist es zweckmäßig, die betroffenen Kostenarten zu unterteilen. Vier Kostenarten wurden in der Untersuchung als besonders wichtig unterschieden:

- Fehlerkosten, da für den Einsatz der Qualitätstechniken die Fehlervermeidung eines der wichtigsten Ziele ist,
- Materialkosten (auf unser Thema angewandt: Werkzeug und Betriebsmittel), da sich durch verringerten Ausschuss und optimierte Konstruktion wertvolle Rohstoffe einsparen lassen, inkl. der bis zur Verschrottung erbrachten Wertschöpfung,
- Personalkosten, da nach der erfolgreichen Einführung der Qualitätstechniken ein effizienter Personaleinsatz möglich ist, sowie
- Anlauf(prozess)kosten, da sich die Anzahl nötiger Änderungen (am Produkt vor Serienanlauf) reduzieren lässt.

Eine Randbemerkung an dieser Stelle: Ausschüsse und Ausschusskosten sind das Resultat nicht sauber abgewickelter Anläufe. Diese haben die Unternehmen in die Serie hineingetragen, weil keine Zeit mehr bleibt, sich darum zu kümmern und auch keine Kapazität und Verfügbarkeiten, um das Thema nochmals zu reflektieren.

Die Untersuchung zeigte, dass die Unternehmen in der Summe eine Reduzierung aller Kostenarten erreichen konnten. Obwohl durch den Einsatz der neuen Methoden zunächst mit erhöhten Personalkosten gerechnet werden muss, konnte insgesamt durch den Einsatz von Qualitätstechniken auch hier eine deutliche Kostensenkung erreicht werden. Interessant in diesem Zusammenhang: Die FMEA hat einen besonders ausgeprägten Einfluss auf die Höhe der Fehler- und Anlaufkosten (zwischen 19 und 21%). Aus diesem Grunde werden wir uns intensiver in Kapitel 4 mit ihr beschäftigen. Folgende Ergebnisse sind unseres Erachtens von Bedeutung:

- Der Ausschussanteil konnte in den untersuchten Unternehmen in Abhängigkeit der Methoden um 15 bis 26 Prozent reduziert worden.
- Kosten für die Nacharbeit gingen zwischen 16 und 24 Prozent zurück.
- Die Anzahl der Änderungen vor Serienanlauf konnte durch den Einsatz der FMEA durchschnittlich um 24% verringert werden.
- Insgesamt konnten die Unternehmen Einsparpotenziale zwischen 20 und 47 Prozent erzielen.

Bemerkenswert erscheint uns auch, dass mit der zunehmenden Anwendungszeit der Methoden die Einsparungen größer werden. Dies gilt besonders für die Fehler- und Anlaufkosten, die von langjährigen Anwendern stärker gesenkt werden konnten als von denjenigen Unternehmen, die gerade erst mit dem Einsatz begonnen hatten. Dies liegt sicherlich zum einen daran, dass Methoden wie die FMEA immer besser beherrscht werden. Zum anderen dürfte aber auch der Aufbau von Wissen (siehe Kapitel 3) eine effiziente Nutzung einzelner Methoden erleichtern.

Prävention beginnt beim Lastenheft

Prävention beginnt zunächst einmal damit, die Lastenheftforderungen des Auftrags sorgsam auszuwerten und abzustimmen. Gerade hier passieren, dies zeigt unsere Erfahrung, viele Fehler in der Praxis. Die Frage lautet nämlich: „Wie bringt man Anforderungen aus dem Lastenheft in ein Pflichtenheft, ohne etwas zu vergessen?"

In einem technischen Lastenheft werden alle produktspezifischen Anforderungen des Auftraggebers als Entwicklungsziele fixiert, und es sind alle Anforderungen aus Kundensicht einschließlich aller Rahmenbedingungen beschrieben. Diese sollten quantifizierbar und prüfbar sein. Das Lastenheft dient als bindende Vorgabe und wird i.d.R. vom Kunden erstellt. Es sollte unbedingt kooperativ zwischen Kunde und Lieferanten und eng mit den Bereichen Planung und Fertigung abgestimmt werden, um Risiken im Projekt zu reduzieren.

Wie komme ich von einem Lastenheft zu einem möglichst optimalen Pflichtenheft?

Aus dem Lastenheft lassen sich die einzelnen Aufgaben ableiten. Pflichtenhefte setzen die Lastenheftanforderungen und den Lösungsweg um, indem der Entwicklungsweg vollständig und die Entwicklungsergebnisse vollständig und überprüfbar beschrieben werden (inkl. Projekt-, Zeit- und Kostenplan.) Konkret: Welche Aufgaben hat die Entwicklung zu erfüllen (Stichwort: funktionale Anforderungen usw.)? Welche Prüfungen müssen durchgeführt werden? Welche Anforderungen müssen in der Produktion abgeleitet werden? Welches sind die logistischen Anforderungen (Wie muss verpackt werden? Wie ist die Lieferfrequenz? Wird abgeholt? Wird gebracht?)? Wie ist die IT-Kommunikation zwischen Kunde und Lieferant?

Das Pflichtenheft ist ein firmeninterner Vertrag mit den Funktionen, die am Projekt beteiligt sind. Jede Pflichtenheftänderung verursacht Zeitverzögerungen und Kosten. Von daher ist nichts effektiver als eine gute Planung. Die Erfahrung zeigt: wird der Planungsaufwand intensiviert, lässt sich später der Realisierungs- und Erprobungsaufwand senken – und das Risiko minimieren (siehe Abb. 21).

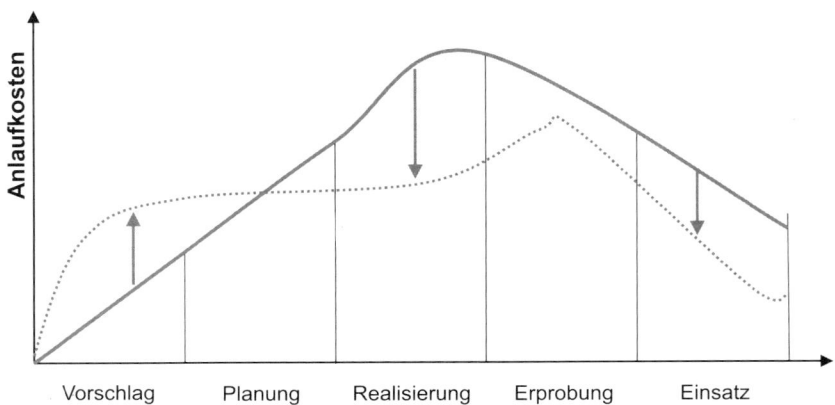

Abb. 21: Planung senkt das Risiko

Wir haben einen Standardfilter, eine Art vorstrukturierte Übersetzungshilfe entwickelt. Denn häufig ist es so, dass bei dieser „Übersetzung" bestimmte Punkte ausgeblendet werden – woraus schnell Projektrisiken resultieren können. Um ein Beispiel zu nennen: Der Kunde möchte ein bestimmtes Feature abgeprüft haben, bevor das Teil versandt wird. Kurz bevor dieses Teil in Serie gehen soll, stellt jemand im Unternehmen fest, dass noch etwas geprüft werden muss. Leider wurde es in dem Prüfplanungskonzept nicht berücksichtigt. So kommt es, dass die Prüfmittelkosten nicht budgetiert und ergo im Angebot auch nicht enthalten sind…

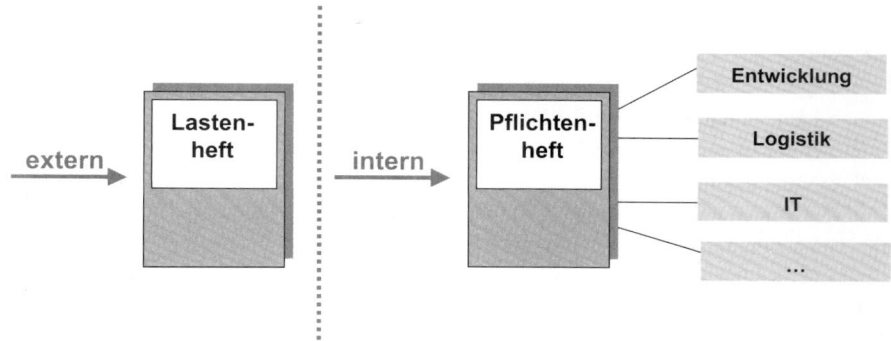

Abb. 22: Standardisierter Lastenheft-Pflichtenheft-Transfer

Fazit: Durch mangelhafte, lückenhafte, fehlerhafte Interpretation des Lastenheftes haben Unternehmen plötzlich ungeplante Kosten. Hier helfen Checklisten weiter, damit Standards nicht übersehen werden.

Der notwendige Schritt: ein Pflichtenheft erstellen

Pflichtenhefte beinhalten u.a. Prüfanforderungen und Ergänzungen zur Gesamtanforderung des Kunden an ein Produkt (beispielsweise Technisches Lastenheft) sowie konzentrierte Zusammenfassungen des Lastenheftes (um ein effizientes Bearbeiten zu ermöglichen). Der Nutzen eines Pflichtenheftes ist hoch, vor allem dann, wenn das Lastenheft mehrere Annahmen zulässt. Und es ist auch dann wichtig, wenn das Lastenheft nicht genügend oder zu viele Informationen enthält – die aber unwichtig oder unübersichtlich oder missverständlich sind. Es enthält auch Zusätze über mögliche Besonderheiten oder Knackpunkte (die aus der Erfahrung stammen ➔ FMEA) und wird so zu einer praktikablen Arbeitsunterlage.

Um ein Pflichtenheft zu erstellen, ist ein gewisser Aufwand erforderlich, ohne Zweifel. Daran beteiligt sind alle relevanten Bereiche. Es ist ein internes Dokument, das gegenüber dem Lastenheft Sicherheitsspielräume beinhaltet. Offene Punkte müssen vor Projektbeginn mit dem Projektteam bzw. mit Ihrem Kunden geklärt werden – damit es nicht zu unnötigen Missverständnissen, teuren Nacharbeiten oder zeitlichen Verzögerungen kommt. Auf mögliche Einschränkungen in der Funktionalität und auf Risikofaktoren, die sich eventuell im Produktionsprozess ergeben könnten, ist unbedingt hinzuweisen – aufgrund von Unwägbarkeiten, unklaren Zuständigkeiten, kritischen Materiallieferungen oder innovativen Technologien.

Das Pflichtenheft (Auszug)

- Produktumfeld (Einbausituation etc.)
- Produkt
  › Funktionsanforderungen
  › Qualitätsanforderungen
  › Preise, Kosten, Ergebnis
- Prozesse
  › Qualitäts- / Prüfplanungsanforderungen
  › Lieferantenprozessanforderungen
  › Logistikprozesse und Verpackung
  › Notfallkonzepte
- Terminkriterien
  › Meilensteine
  › Projektphasen / -termine
- Messgrößen

Es ist nun höchste Zeit, unser Augenmerk auf die zentrale Person zu richten: den Anlaufmanager. Die Gretchenfrage lautet: Welches sind die Handlungsfelder? Und welches sind die Erfolgsfaktoren?

Kapitel 3
Der Anlaufmanager – Handlungsfelder und Aufgaben

3.1 Die Handlungsfelder kennen
Sich auf das Wesentliche konzentrieren

3.2 Die Aufgaben lösen
Die Erfolgsfaktoren in den sechs Handlungsfeldern

3.1 Die Handlungsfelder kennen
Sich auf das Wesentliche konzentrieren

Wer als Anlaufmanager den Serienanlauf optimieren möchte, der muss zunächst einmal die Handlungsfelder kennen. Wir wollen uns in diesem Teil auf sechs zentrale Handlungsfelder konzentrieren (siehe Abb. 1). Dies sind aus unserer Sicht die wichtigsten, weil sie den größten Erfolg versprechen – völlig unabhängig von der Größe des Unternehmens oder der Branche.

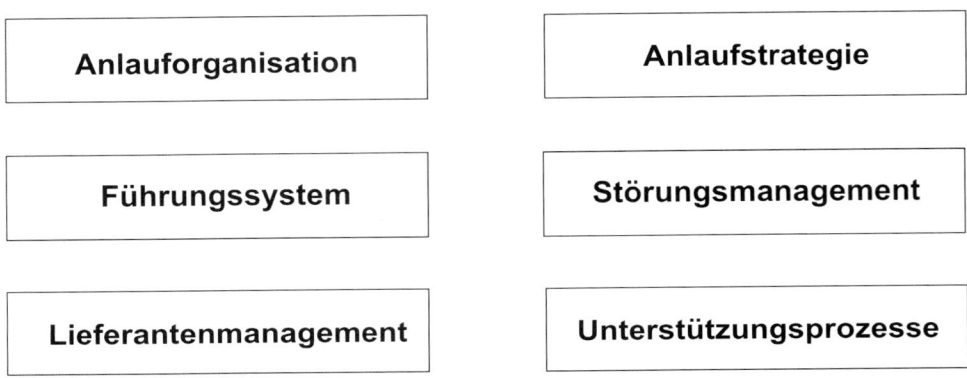

Abb. 1: Die sechs Handlungsfelder

Im vorhergehenden Kapitel haben wir das heikle Thema Qualität, Kosten und Termine, kurz: QKT, angerissen. Deshalb wollen wir Ihnen an dieser Stelle eine kurze Übersicht bieten, welchen Einfluss jedes Handlungsfeld auf diese Parameter hat (siehe Tab. 1).

Handlungsfeld	Qualität	Kosten	Termine
Anlauforganisation	+	+	+
Anlaufstrategie	+	+	+
Führungssystem	++	++	++
Störungsmanagement	+++	+++	+++
Lieferantenmanagement	+++	+++	+++
Unterstützungsprozesse	+	+	+

Tab. 1: Der Einfluss der Handlungsfelder auf QKT

+ = unterstützen; ++ = mittelbar wirksam; +++ = unmittelbar wirksam

Die Anlauforganisation
Die optimale Struktur finden

In der Organisationslehre wird zwischen zwei Aspekten der Organisation unterschieden (siehe Abb. 2):

- der Aufbauorganisation und
- der Ablauforganisation.

Anlauforganisation

Aufbauorganisation

Ablauforganisation

Abb. 2: Die zwei Aspekte der Anlauforganisation

Die Aufbauorganisation

Ziel der Aufbauorganisation ist es, die Gesamtaufgaben in arbeitsteilige Aufgaben zu zergliedern, diese Teilaufgaben sinnvoll zu kombinieren und deren Koordination sicherzustellen. Im klassischen Konzept der Aufbauorganisation werden die wesentlichen Entscheidungen getroffen im Hinblick auf

- die Art der Arbeitsorganisation,
- das Führungssystem,
- Befugnisse und Verantwortungen.

Die Aufbauorganisation legt im Wesentlichen Aufgaben, Kompetenzen und Verantwortungsbereiche der Mitarbeiter fest. Damit prägt sie das Handeln eines jeden Einzelnen, aber auch die Art des Zusammenwirkens und damit die Führung.

Bei Anlaufprojekten findet sich speziell die Projekt-Matrix-Organisation. Sie basiert auf einer funktionalen Organisation (Basissystem), die durch eine Projektorganisation (Komplementärsystem) überlagert wird (siehe Abb. 3). Ein Mitarbeiter im Schnittpunkt dieser Systeme ist einerseits fachlich und disziplinarisch einem Funktionsbereichsverantwortlichen unterstellt (beispielsweise dem Bereichsleiter Fertigung). Andererseits muss er auch fachliche Anweisungen des Anlaufmanagers entgegennehmen.

Das Ziel dieser Konstruktion: Man will den Vorteil der funktionalen Organisation nutzen, der in der Spezialisierung nach Funktionen besteht. Denn in den Funktionsbereichen sitzen hochkarätige Spezialisten (die häufig für mehrere Projekte gleichzeitig arbeiten). Zum anderen will man aber auch eine projektorientierte Koordination und Verantwortung sicherstellen. Dies ist die Aufgabe des Anlaufmanagers. Von daher empfehlen wir dringend, Aufgaben, Kompetenzen und Verantwortung in der Projektorganisation klar zu regeln.

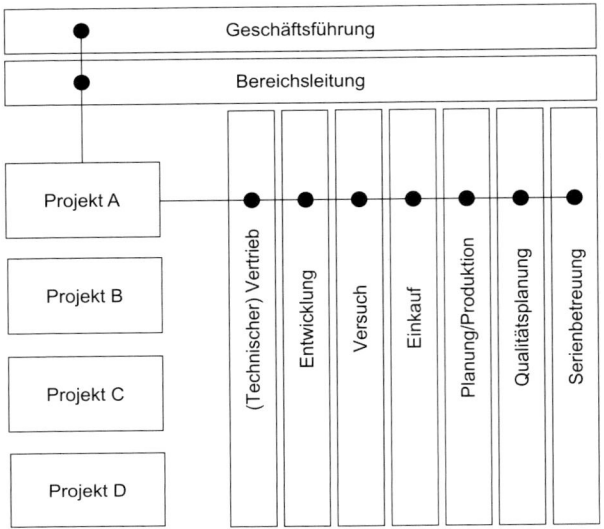

Abb. 3: Das Prinzip der Projekt-Matrix-Organisation

Die Vorteile der Projekt-Matrix-Organisation

- Die Verantwortung liegt eindeutig beim Projektleiter / Anlaufmanager – so die AKV dies regelt.
- Mitarbeiter entwickeln Fachkenntnisse, die sie auch bei anderen Projekten anwenden können.
- Größeres Sicherheitsgefühl bei den Mitarbeitern der betroffenen Abteilung, da sie ihren gewohnten Bezugsrahmen nicht verlieren.
- Flexible Organisation je nach Fortgang des Projektes.

Die Nachteile

- Birgt ein gewisses Konfliktpotenzial zwischen Lanieninstanzen und Projektteam in sich.
- Jeder Mitarbeiter ist mehreren Vorgesetzten unterstellt.
- Kostenintensiv.

Die Ablauforganisation

Klassischer Gegenstand der Anlauforganisation ist die detaillierte Gestaltung von Arbeitsprozessen, so dass eine Verkettung der zuvor in der Aufbauorganisation festgelegten Aufgaben hinsichtlich ihrer Reihenfolge, Dauer etc. vorgenommen werden kann.

Anlaufmanagement ist Projektmanagement. Projekte sind Vorhaben mit definiertem Anfang und Abschluss, mit einer definierten Zielvorgabe, mit zeitlicher, finanzieller und personeller Begrenzung. Projekte setzen wegen ihres interdisziplinären Charakters eine vorübergehende organisatorische Änderung und damit verbunden auch eine Verschiebung der Machtverhältnisse im Unternehmen oder der Abteilung voraus. Dies gilt auch und vor allem im Anlaufmanagement.

Projektmanagement ist ein klares Konzept, nämlich das Management, das erforderlich ist, um ein Projekt

- einer bestimmten Art,
- in einer bestimmten Zeit,
- mit bestimmten Ressourcen,
- zu einem bestimmten Ergebnis zu bringen.

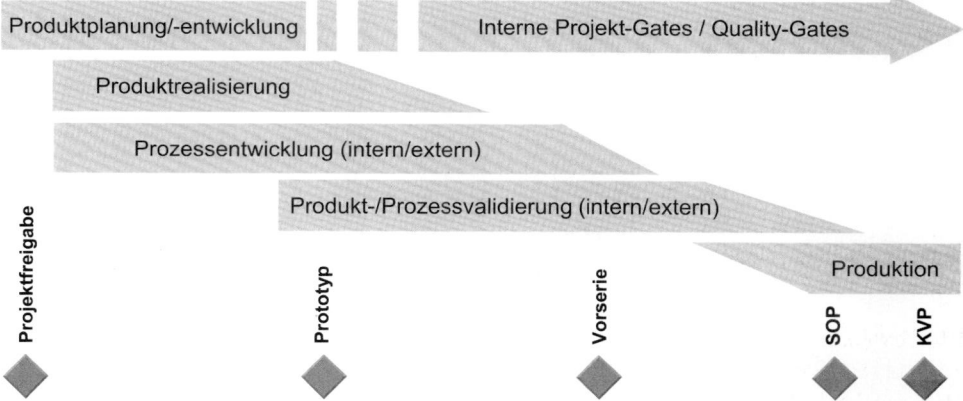

Abb. 4: Das ablauforganisatorische Grundgerüst im Anlaufmanagement

Die Anlaufstrategie
Ordnung ins System bringen

Prognosen sind in Zeiten des Internets, der smart Shopper und hybrider Kundenstrukturen, turbulenter und hochgradig dynamischer Märkte schwierig geworden. „Prognose" meint: eine verlässliche Einschätzung der Marktentwicklung und Nachfrage.

Wir kennen innovative Ansätze (gerade in der Automobilindustrie), die Prognosen durch Informationstransparenz und tagesaktuelles Bestellverhalten ersetzen. Denn so lassen sich Serienanläufe nachhaltig erfolgreich durchführen, die richtigen Strategien ableiten und die Systeme entsprechend ausrichten.

Neue Projekte gehören geplant. In diesem Sinne hat die Geschäftsführung eine Filterfunktion. Denn sie ist es, die neue Projekte strategisch einbindet. (Oder jedenfalls nach unserem Verständnis einbinden sollte, siehe Abb. 5.) Es gibt viele mögliche Projekte – aber die Aufgabe besteht darin, nur strategisch wichtige oder wirtschaftlich attraktive

Projekte zu realisieren. Selektion ist angesagt. Und für unvorhersehbare Projekte sollten Ressourcen freigestellt werden, damit Mitarbeiter nicht auf 150% arbeiten müssen. (Dies hat häufig nämlich zur Folge, dass vorhandene Kunden verärgert werden, weil deren Projekt belastet wird...)

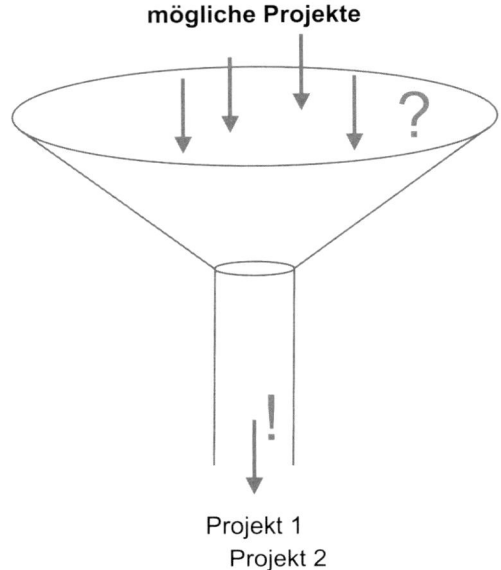

Abb. 5: Projekte strategisch auswählen

Was wir in der Praxis allerdings häufig feststellen ist, dass Unternehmen jedes Projekt nehmen – ob es passt oder nicht. Stattdessen muss es darum gehen, sich zugunsten eines Projektes oder zuungunsten eines anderen zu entscheiden. Falls nicht, gibt es im Unternehmen zu viele neue Projekte, und die bereits beaufschlagten Ressourcen müssen dann noch mehr belastet werden. Das Fatale daran: Häufig funktionieren dann nicht nur einzelne, sondern alle Projekte nicht mehr. In dieser Situation hilft dann auch Engpassmanagement nicht mehr, wenn die Ressourcen nicht mehr ausreichen.

Um diese Auswahl treffen zu können, bedarf es einer strategischen Budget-, Kapazitäten- und Ressourcenplanung. Auf diese Weise wird eine Grundsicherheit in der Abwicklung garantiert.

Wir wollen an dieser Stelle kurz das Thema Budgetplanung vertiefen: Macht die Geschäftsführung ihre Budgetplanung für das kommende Jahr, werden im Rahmen dieser Budgetierung auch Projekte betrachtet. Sie kennen die Roadmaps, die bei Neuanläufen neuer Fahrzeugtypen beispielsweise veröffentlicht werden. Auf diese Weise kann ein Unternehmen zurückrechnen, wann die (möglichen) Anfragen eines (potenziellen) Kunden an die Lieferanten ergehen werden. Nehmen wir einfach das Beispiel eines Unternehmens, das Autoradios produziert und sich aufgrund vergangener erfolgreicher Projekte eine hohe Auftragswahrscheinlichkeit verspricht. Die Geschäftsführung würde dieses Projekt also sicherlich bei der Budgetierung einplanen.

Um dieses Autoradio zu entwickeln, benötigen Sie Kapazitäten und Ressourcen. Heute ist es jedoch häufig so, dass Unternehmen die Projekte mitnehmen, die sich spontan anbieten. Hier wird die Kapazität meist nur pauschal geplant.

 Wir kennen Fälle, in denen sich der Kunde das Anlaufteam vorstellen lässt. Und wenn dann die Namen Maier, Schulze und Müller fallen, stellt der Kunde (!) fest, dass dieses Projekt wohl niemals funktionieren könne – weil Müller und Schulze doch bereits in einem anderen Projekt seien. (Unsere Meinung hierzu: Dies sollte nicht der Kunde sagen – dies sollten Unternehmen selbst erkennen!)

Nun ist es häufig der Fall, dass die Planung nicht stimmt, weil ein Unternehmen zu viele Projekte hat oder die Projekte in ihrer Komplexität nicht richtig eingeschätzt hat. Dies bedeutet bei der Personalkapazität dann, dass Projektleiter mehr Projekte machen (müssen), als sie verkraften können – und es gehen im schlimmsten Fall alle Projekte schief (oder haben zumindest Probleme). Multi-Tasking ist dann angesagt, und auch das Thema Führungssystem funktioniert dann nicht mehr. Denn ein Projektleiter kann sich nur um eine bestimmte Anzahl an Projekten bzw. Aktivitäten mit einer bestimmten Komplexität kümmern.

Unternehmen müssen aber auch finanziell in Vorlage gehen. Sie müssen ihre Entwicklung vorfinanzieren, die Betriebsmittel, die Werkzeugkosten. Bei einigen Kunden amortisieren die Unternehmen diese Vorfinanzierungen über die Stückzahl (in diesem Fall dauert es ziemlich lange, bis das Geld zurückfließt). Bei anderen Kunden werden die Einmalkosten (teilweise) erstattet: wenn sie erfolgreich erstbemustert haben oder wenn ein Konzept vorgelegt werden kann, in dem steht, wie die geforderte Stückzahl erbracht wird.

Ihre Aufgabe als Anlaufmanager
ist es zu kontrollieren, ob die Ziele umsetzbar sind (Projektbudget) und ob die strategischen Rahmenbedingungen stimmen (oder vielleicht eher Wunschdenken sind). Falls Sie nicht über die nötigen Informationen und Dokumente verfügen, sollten Sie sich diese unbedingt besorgen bzw. einfordern.

Das Führungssystem
Erst dann effizient, wenn's „brennt"?

Das Führungssystem basiert auf der organisatorischen Verankerung der Anlaufprojekte in der Unternehmensorganisation. Es

- überwacht die Einhaltung der wesentlichen und notwendigen Spielregeln,
- stellt die Steuerung der Projekte sicher,
- regelt und überwacht die Projektorganisation,
- unterstützt den Informationsaustausch und
- regelt bzw. überwacht die Projektdokumentation.

Das Führungssystem ist, wenn man so will, eine Querschnittsfunktion (siehe Abb. 13 in Kap. 2.2) und somit die Basis für das eigentliche Projektmanagement im Anlaufmanagement. Es stellt quasi die „Software" des Anlaufmanagements dar. Gerade hier bestehen jedoch die häufigsten Schwachstellen und somit Informations-, Kommunikations- und Dokumentationspotenziale heutiger Anlaufmanagementsysteme, die dringend erschlossen werden müssen.

Störungsmanagement
Wenn Projektstörungen unterbewertet werden

Ein wesentlicher Anteil der Projektsteuerung entfällt auf das Management von unvorhergesehenen Ereignissen und Einflüssen – das Störungsmanagement. Denn auch bei Anlaufprojekten treten immer wieder Störungen auf. Deshalb verfolgen wir auch beim Störungsmanagement einen präventiven, proaktiven Ansatz: Denn nur so können „Pannen" durch vorausschauendes Projektmanagement weitestgehend vermieden werden. Und zwar nicht nur während des Projektes, sondern bereits von Anfang an. Das Ziel lautet:

- Abweichungen konsequent, systematisch und zeitnah zu ermitteln,
  die Störanfälligkeit von Prozessen zu vermindern,
- Störungen zu erkennen und rechtzeitig gegenzusteuern,
- ein Notfallkonzept zu erarbeiten.

Störungsmanagement fällt in den Verantwortungsbereich des Anlaufmanagers. Dabei muss er nicht nur die Störungsbehandlung koordinieren. Er muss auch im Vorfeld komplexe Sachverhalte analysieren, wobei er sich weitgehend auf e-Mail, Fax, Telefon und Organisationshilfsmittel verlassen muss. Denn er wird in der Regel (noch) nicht systemtechnisch unterstützt. Hier unterstützt Sie auch die Methode „Regelkommunikation" (siehe Kap. 4.3)

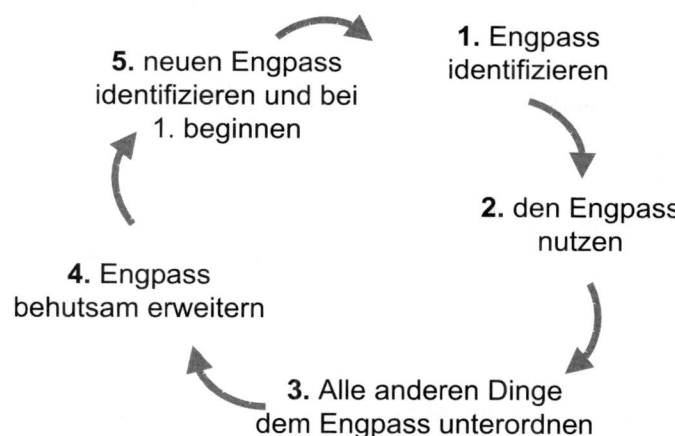

Abb. 6: Rechtzeitiges Störungsmanagement auf den Punkt gebracht

Störungen im Anlauf können Sie relativ einfach und pragmatisch steuern, indem Sie Meilenstein-Checklisten verwenden.

Störungsbehandlung durch flexibles Workflow-Management

Wünschenswert wäre jedoch ein flexibles Workflow-Management-System (WFMS) für das Störungsmanagement – als integraler Bestandteil der Projektsteuerung. Der Nutzen: Es verbessert die operativen Aufgaben des Anlaufmanagers, indem das Störungsmanagement in Workflow-basierte Arbeitsabläufe überführt und dadurch verbessert wird. Auf diese Weise werden auch die Kosten, die unmittelbar oder mittelbar entstehen, verringert. Denn jetzt können Störungen aktiv und gezielt durch auszuwählende und anpassbare Lösungsstrategien behoben werden.

Aus Störungen lernen: Das Erfahrungswissen anpassen

Allerdings ist es „nur" mit IT-Unterstützung nicht getan. Denn gerade bei Anlaufprojekten mit einem hohen Innovationsgrad ist es erforderlich, das Erfahrungswissen, das für das Störungsmanagement erforderlich ist, ständig anzupassen und zu dokumentieren. Eine bewährte Methode ist der „Lessons Learned Workshop", den wir Ihnen in Kap. 4.10 vorstellen.

Lieferantenmanagement
Nicht nur an einzelnen Schrauben drehen

„Die Fähigkeit unserer Lieferanten, komplexe Anlaufprozesse in den Dimensionen Teileverfügbarkeit, Zeit, Qualität und Produktivität zu beherrschen, ist heute und in Zukunft einer der bedeutendsten Erfolgsfaktoren unseres Lieferantennetzwerks." Wenn Sie das Zitat von Koichiro Noguchi (Toyota) aufmerksam lesen, finden sich drei

Schlüsselbegriffe, die wir an dieser Stelle aufgreifen wollen: „komplex" – „beherrschen" – „Lieferantennetzwerk".

Dass Anlaufprozesse erstens komplex sind und wohl immer komplexer werden, haben wir in Kapitel 1 ausführlich dargelegt. Die zunehmende Anzahl und Komplexität von Serienanläufen kennzeichnet nicht nur die derzeitige Situation in der deutschen Automobilzulieferindustrie. Das Management dieser Komplexität erfordert neue Wege des Produktions- und Logistikmanagements im Serienanlauf und wird künftig mehr und mehr zu einer wettbewerbsentscheidenden Kernkompetenz leistungsfähiger Automobilzulieferer.

Kein Wunder also, dass es zweitens vorrangig darum geht, diese Prozesse beherrschen zu müssen – auch und gerade, was den Faktor Zeit anbelangt. Ein Beispiel: Die Verzögerung eines Serienanlaufs kann eine erhebliche Unterschreitung der geplanten Stückzahlkurve verursachen. Die in der Folge entgangenen Umsätze und erhöhten Anlaufkosten können laut neuesten Studien die Jahresgewinne eines Automobilzulieferers um 5 % – 10 % reduzieren. Die Problematik für Automobilzulieferer liegt dabei häufig in der Integration technisch neuartiger Produkte und Prozesse. Bei eng kalkulierten Stückkosten sind interne und externe Anlaufbarrieren, wie z. B. ungeplante Änderungsumfänge, Terminverschiebungen, Schnittstelleninkompatibilitäten und Integrationsprobleme bei Daten zu überwinden. Ein unreflektiertes und kostspieliges „Reagieren" muss daher einem proaktiven und stabilen Anlaufmanagement weichen.

Und heutzutage steht drittens nicht mehr die Supply Chain, die Lieferkette, im Vordergrund, sondern ein (wiederum komplexes) Lieferantennetzwerk. Innerhalb dieses Netzwerkes gilt es, zu überprüfen, zu entwickeln, Prozesse zu begleiten und zu lernen – aus Erfahrungen früherer Anläufe nämlich. Es heißt aber auch, neue Lieferanten auszuwählen und sie in das Netzwerk zu integrieren.

Lieferanten systematisch auswählen

Für Sie sicherlich nichts Neues: Mit der Auswahl der „richtigen" Lieferanten müssen Sie rechtzeitig beginnen. Der Aufbau leistungsfähiger Auditierungsmethoden und die Frage nach dem Zeitpunkt der Einbindung des Lieferanten in den Serienanlauf müssen durch entsprechende Hilfsmittel systematisiert werden.

Hilfreich in diesem Zusammenhang ist beispielsweise die Nutzwertanalyse. Kriterien sind Produktqualität, Flexibilität, räumliche Entfernung, Hilfsbereitschaft in Störfällen und Reaktionszeit im Bedarfsfall.

Lieferanten klassifizieren: A, B oder C?

Auditierte Lieferanten werden klassifiziert und dauerhaft in das logistische Versorgungskonzept eingebunden. Dabei können Sie sich an der DIN EN ISO 9000 orientieren. Das Ziel bei diesem Schritt lautet sicherzustellen, dass die Versorgung nur von

- zuverlässigen
- leistungsstarken und
- innovativen Lieferanten

realisiert wird. Kriterien der Einordnung können sein Einkaufsvolumen, Planbarkeit der Aufträge, Qualitätsmerkmale oder Produktqualität.

Lieferantenmanagement muss nicht nur effizient sein, sondern auch konsequent. Dazu dienen echte, in Qualitätsmethoden geschulte Supplier Quality Assurances-Mitarbeiter (kurz: SQAs), aber auch Meilenstein-Audits und Dokumentationen.

Unterstützungsprozesse
Damit Dokumentationen nicht zum Zeitkiller werden

Alle kennen die Situation: Für das Projekt XY wird die aktuelle Kalkulation, FMEA … gemacht. Es beginnt eine Odyssee auf der Suche nach diesem Dokument. Teilweise werden Dokumente mit der heißen Feder zusammengestellt. Die Folge: Redundanzen ohne Ende. Und die Qualität? In der Tat verbringen Projekt-Mitarbeiter mit der Suche von Dokumenten bzw. mit dem Auffinden der richtigen Informationen bis zu 30 % ihrer Zeit.

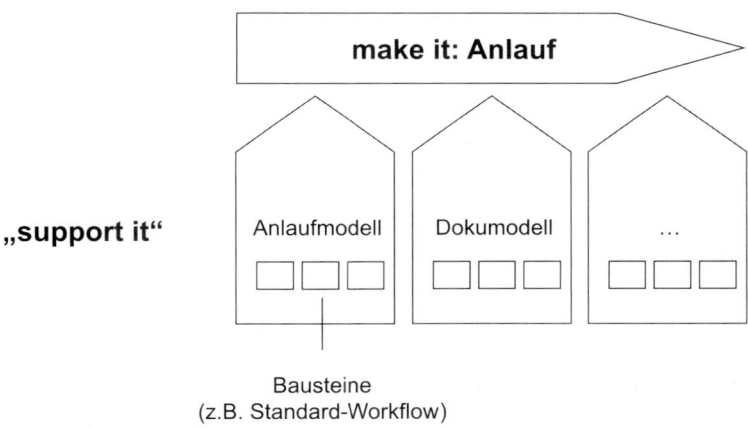

Abb. 7: Prozess-Sicht

Wir haben uns mit den sechs zentralen Handlungsfeldern beschäftigt und wollen uns nun die Erfolgfaktoren näher ansehen.

3.2 Die Aufgaben lösen

Die Erfolgsfaktoren in den sechs Handlungsfeldern

Um die Erfolgschancen in den einzelnen Handlungsfeldern zu erhöhen und um die Potenziale optimal auszuschöpfen, müssen Sie die wichtigen und wirksamen Einflussfaktoren kennen. Damit wollen wir uns im Folgenden beschäftigen.

Erfolgsfaktoren der Aufbauorganisation

- Eigenständige Anlauforganisation
- Anlaufmanager
- A, K, V
- LSV

Abb. 8: Erfolgsfaktoren der Aufbauorganisation

Die eigenständige Anlauforganisation

In einer Umfrage (KLOG / WZL 2004) sind Unternehmen gefragt worden: „Gibt es in Ihrem Unternehmen eine spezielle Anlauforganisation?" Die Antwort, stark zusammengefasst: 70 % der Unternehmen wählen für das Management von Serienanläufen eigene und spezielle Organisationsformen: 18 % hiervon wählen spezielle Anlaufteams, 52 % temporäre Projektorganisationen. 24 % der Unternehmen managen den Serienanlauf aus der Linie oder mit sonstigen Organisationsformen. Erstaunlich nach wie vor: Nur wenige Unternehmen (6 %) „leisten" sich einen Anlaufmanager.

Der Lenkungsausschuss – die Entscheidungsinstanz

Auch bei Anlaufprojekten werden Ausschüsse eingerichtet. In unserem Fall heißt dieses Gremium Lenkungsausschuss und wird meist durch den internen Auftraggeber gebildet und von den „Interessenvertretern" des Projektes besetzt – in der Regel hochrangige Führungskräfte. Dieser Lenkungsausschuss ist in vielen Unternehmen ausdrücklich als Entscheidungs-, Koordinations- und Kontrollinstanz vorgesehen.

Der Lenkungsausschuss überwacht das Projekt von Anbeginn an und ist die oberste Instanz für die Planung und Steuerung aller Projekte, die in einem Unternehmen durchgeführt werden. Da in diesem Gremium auch Entscheidungen von erheblicher Tragweite getroffen werden (müssen), sollte auch ein Mitglied der Geschäftsführung vertreten sein. An den Sitzungen nimmt der Projektleiter (besser: der Anlaufmanager) teil, wobei er lediglich beratende Funktion hat. Ihm wird hier geholfen.

Lenkungsausschüsse sind in Unternehmen häufig für mehrere Projekte zuständig. Von daher empfiehlt es sich, für jedes Projekt einen Mentor, eine Führungskraft, einen Projektpaten als Ansprechpartner festzulegen.

Das Projekt-Team

Bei Anlaufprojekten sind die Fragestellungen komplex. Aus diesem Grund wird ein interdisziplinäres Projekt-Team zusammengestellt, in dem verschiedene Wissens-, Kompetenz- und Verantwortungsträger zusammenarbeiten.

Um ein Anlaufprojekt umzusetzen, hat es sich bewährt, ein Kernteam zu bilden. Es besteht aus Spezialisten, die aus den einzelnen Bereichen wie Vertrieb, Entwicklung, Versuch, Einkauf usw. kommen und ausschließlich für das Projekt zur Verfügung stehen (oder besser: stehen sollten!), die Know-how aus ihrem jeweiligen Bereich mitbringen und die Zusammenhänge übergreifender Geschäftsprozesse kennen.

Neben diesem Kernteam gibt es in der Praxis häufig auch noch Experten- oder Arbeitsgruppen (siehe Abb. 9).

strategische Ebene	**Lenkungsausschuss**	
Multiprojektebene	**Bereichsleitung**	
Projektebene	**Projektleiter und Kernteam**	
Problemlösungsebene (FA)	Experten- / Arbeitsgruppen	Experten- / Arbeitsgruppen

Abb. 9: Die Anlauforganisation

Dass es in dieser Organisationsform „knacken" kann, haben wir in der folgenden Abbildung dargestellt. Nämlich dann, wenn die AKVs (lies: Aufgaben, Kompetenzen, Verantwortung) nicht sauber geregelt werden, wenn keine Leistungsschnittstellenvereinbarungen getroffen werden und wenn es keine allgemeinen, allgemeinverbindlichen Spielregeln gibt (siehe Seite 102, Was wir gelernt haben). Dann ist der Konflikt vorprogrammiert, der im schlimmsten Falle dazu führt, dass Ihr Projekt scheitert.

Aber Sie sind auch gut beraten zu regeln, wie eskaliert wird, wenn es zu Problemen kommt. (Und zu denen kommt es!).

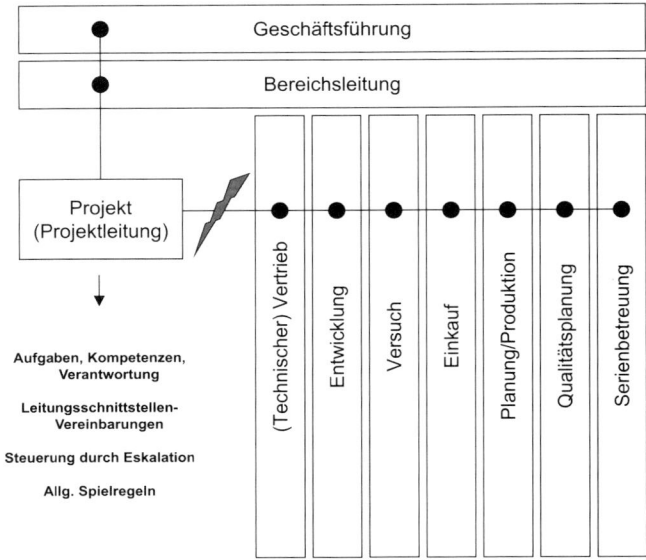

Abb. 10: Die Anlauforganisation und die daraus resultierende Problematik

Der Anlaufmanager

Kommen wir zu der zentralen Rolle. Die Praxis nennt ihn Projektleiter, Projektmanager oder Anlaufmanager. Und mögen die Begrifflichkeiten unterschiedlich sein: Gemeint ist immer dasselbe – nämlich die Person, die das Anlaufprojekt verantwortlich plant, lenkt, koordiniert und deshalb erfolgreich zum Ende bringt.

Wir zitieren zunächst aus einer Neuerscheinung (Bischoff 2005, Manuskriptfassung): „Ein erster Ansatz besteht in der Installation unternehmensübergreifender Anlaufteams mit einem professionellen Anlaufkoordinator. Durch diese organisatorische Maßnahme können die Anlaufzeiten allein dadurch signifikant verkürzt werden, dass Prozesse und Maßnahmen besser koordiniert sind." Was hier „Anlaufkoordinator" genannt wird, bezeichnen wir als „Anlaufmanager".

Das Profil eines „echten" Anlaufmanagers

Wir haben „echt" in Anführungszeichen gesetzt. Warum? Weil es in den Unternehmen zwar „Anlaufmanager" gibt. Bei näherem Hinsehen weisen sie ein Profil auf, das nicht unbedingt den Anforderungen entspricht – siehe die folgende Stellenausschreibung im Internet vom 2.9.04:

Projektingenieur bei Nürtingen, weltweiter Einsatz
Anlaufmanagement mit Automotive-Erfahrung.

Sie überwachen für unsere Kunden Termine, Entwicklungs- und Fortschrittsstände von Werkzeugen sowie nachgelagerten Produktions- und Qualitätsprozessen.

Wenn Sie die paar Zeilen lesen, werden Sie feststellen: Dieser „Anlaufmanager" ist „Mädchen für alles". Heißt: er wird dafür verwendet, die organisatorischen Schwachstellen im Unternehmen dadurch auszugleichen, dass er Dingen hinterherläuft, um die er sich eigentlich gar nicht kümmern müsste. Diese Arbeiten könnte ein Assistent, den man ihm beistellt, sicherlich sinnvoller erledigen. Denn die Aufgabe des Anlaufmanagers ist es, kraft seiner Kompetenzen das Projekt sauber zu steuern – und sich nicht um alle möglichen und unmöglichen Details zu kümmern. Dieses Problem lösen wir in der Praxis dadurch, dass für den Anlaufmanager exakt Aufgaben, Kompetenzen und Verantwortungen formuliert werden (siehe Seite 78).

Die Kompetenzen

Projektmanagement erfordert vom Anlaufmanager eine hohe Flexibilität und Beobachtungsfähigkeit auf mehreren Ebenen. Und es erfordert zunächst einmal Methoden- und Sozialkompetenz, um

- die Projektziele mit den Auftraggebern auszuhandeln,
- die Zielsetzungen der Kunden mit den vorhandenen bzw. zu erschließenden Ressourcen zu verbinden,
- zwischen unterschiedlichen Projektumwelten zu vermitteln,
- die Potenziale der Teammitglieder zu koordinieren,
- Konflikte im Projektteam auszugleichen (denn Sie können sicher sein: Konflikte gibt es!),
- mit schwierigen Situationen im Projektalltag umzugehen,
- das Projekt und seine Ergebnisse zu präsentieren und
- das Projekt zu evaluieren.

Stichwort Methodenkompetenz: In Kapitel 4 stellen wir Ihnen die wirkungsvollsten Methoden vor, die Sie beherrschen sollten.

Stichwort Sozialkompetenz: Sie müssen Leute im Projekt führen, auch wenn sie Ihnen nur fachlich oder projektbezogen, aber nicht disziplinarisch unterstellt sind. Ein guter Anlaufmanager führt aufgrund seiner Sozialkompetenz das Projekt sauber zum Ziel.

Ein echter Anlaufmanager, der seinen Namen zu Recht trägt, sollte aber auch noch über die folgenden Kompetenzen verfügen, nämlich

- Produktkompetenz,
- Produktionsprozesskompetenz,
- Logistikkompetenz,
- Qualitätskompetenz und
- Störungsmanagement-Kompetenz.

„Und wo kriegt man so einen Mann?", hören wir Geschäftsführer häufig fragen. Jedenfalls nicht „von der Stange". Aus diesem Grund empfehlen wir, in zwei Schritten vorzugehen:

Schritt 1: Nutzen Sie einen vorhandenen und geeigneten Mitarbeiter. Befreien Sie ihn von Tätigkeiten, die nicht unserem Anforderungsprofil entsprechen. Entlasten sie ihn. Schauen Sie sich bei Ihren anderen Mitarbeitern um, was diese machen – was andere aber genau so gut machen könnten. Auf diese Weise können Sie ihn in seinen Qualitäten besser nutzen.

Schritt 2: Entwickeln Sie diesen Mitarbeiter vor dem Hintergrund des Anforderungsprofils.

Die Aufgaben

Für den Anlaufmanager ergibt sich eine Fülle von Aufgaben. An dieser Stelle wollen wir diese Aufgaben allgemein beschreiben.

Aufbau- und Ablauforganisation projektspezifisch entwickeln

- Projektablauf planen
- Standardabläufe festlegen (die Basis hierfür sind Standardterminpläne)
- Budget und Kapazitäten planen
- Leistungsschnittstellen definieren und implementieren
- Spielregeln entwickeln
- Projektteam zusammenstellen

Führungssystem entwickeln

- Regelkommunikationssystematik und Reporting definieren
- Projekt systematisch auswerten, Ergebnisse verdichten
- ein Gerüst aus Zahlen, Daten, Fakten erarbeiten, um Anlaufsituationen zu bewerten
- Steuerungselemente implementieren (Cockpitchartsystematik)
- Organisationssystematik definieren (AKV-Regelungen; Schnittstellenvereinbarungen, ...)
- Spielregeln im Projektteam entwickeln…

begleitende Qualifikationsmaßnahmen entwickeln

- spezifisch erarbeitete Methoden und Abläufe schulen,
- Lieferanten qualifizieren,
- …

AKV-Regelung – das Zusammenwirken sicherstellen

Reibungsverluste im Projekt entstehen vor allem durch Schnittstellenprobleme. In der vorherrschenden Matrixorganisation erschweren Doppelunterstellungen (Linie/Projekt) und ungenügende „Vorfahrtsregelungen" die Projektarbeit. Vielfach ist noch immer eine Dominanz der Linie anzutreffen, obwohl mit dem Prozess das Geld verdient wird. Dies führt in der Regel zu Problemen im Ressourcenmanagement des Projekts.

Aufgaben, Kompetenzen und Verantwortung gehören klar und eindeutig geregelt. Denn nur so können wirkungsvoll Doppelspurigkeiten oder fehlende Zuständigkeiten in der Projektarbeit vermieden werden. Sie sind projektspezifisch zu bestimmen und zu dokumentieren.

Eine professionelle Projektplanung, verteilt auf Aufgabenträger in der Projektorganisation, gibt konkret die Zuständigkeiten (Aufgaben), die Befugnisse (Kompetenzen) sowie die Berechtigungen und Verpflichtungen (Verantwortung) wieder. Eine Verteilung von Aufgaben, Kompetenzen und Verantwortung (Geschäftsführung, Segment- bzw. Bereichsleitung, Abteilungsleitung, Anlaufmanager und Projektteammitglieder) haben wir in Kapitel 4 exemplarisch für Sie zusammengestellt.

Um jemanden mit den entsprechenden Kompetenzen ausstatten zu können, müssen Aufgaben eindeutig vereinbart werden.

Kompetenzen sind Befugnisse, die eine Person benötigt, um die Aufgaben erfüllen zu können, für die die Person verantwortlich ist. Kompetenz ist das Recht, Entscheidungen zu treffen und Anweisungen zu geben. Entscheidungen sind Wahlakte zwischen Zielen bzw. von Mitteln und Wegen, um diese Ziele zu erreichen. Grundsätzlich gilt: *ohne* Kompetenz *keine* Verantwortung. „Kompetenz und Verantwortung sind immer ein Paar." (Kessler, Winkelhofer).

Verantwortung ist die Pflicht, über die zielgerichtete Aufgabenerfüllung Rechenschaft abzulegen. Die Übernahme von Verantwortung erfolgt meistens ohne ihre ausdrückliche Nennung, sondern alleine durch die Übernahme einer Aufgabe. Es empfiehlt sich deshalb, den Verantwortungsumfang gesondert zu definieren und zu dokumentieren.

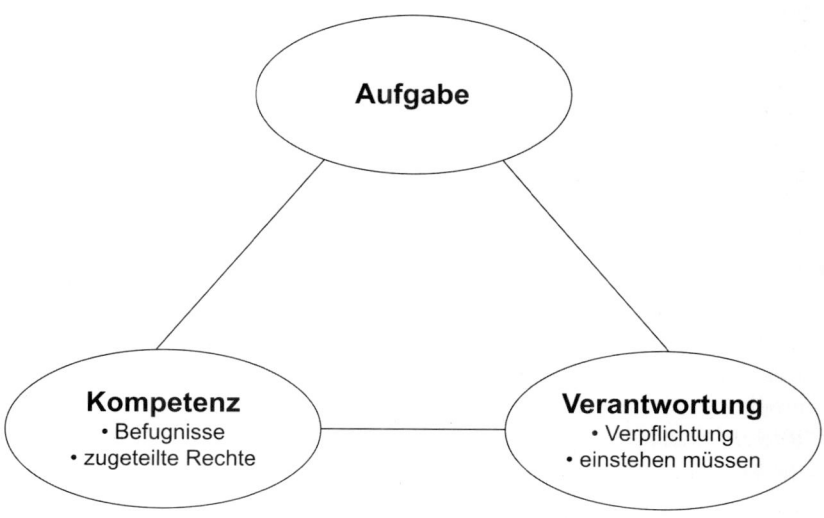

Abb. 11: Aufgabe, Kompetenz und Verantwortung

Häufig ist in der Praxis die Zuordnung nicht eindeutig. Es gibt Mitarbeiter mit vielen Aufgaben und viel Verantwortung – aber wenig Kompetenzen. Dies bedeutet, dass sie im Sinne ihrer Aufgaben und Verantwortlichkeiten nicht entscheiden können. Als Beispiel möge der Vertriebsmann dienen, der beim Kunden nicht über den Preis verhandeln kann und erst bei der Geschäftsführung nachfragen muss. Aus diesem Grund sollte immer das ungeschriebene Gesetz der Einheit von Aufgabe, Kompetenz und Verantwortung beachtet werden.

> ... Offensichtlich gibt es im Team Kompetenzgerangel und unklare Verantwortlichkeiten. Kenne das Problem von einem Freund, der Projektleiter ist und das Budget zu verantworten hat. Darin enthalten auch die Ausgaben für Marketing. Bloß plant und realisiert nicht er die Maßnahmen, sondern jemand ganz anderer – aber er muss die Ergebnisse verantworten! Verstoß gegen das Kongruenzprinzip!

Aufgaben, Kompetenzen und Verantwortung gehören vor Projektstart also unbedingt geregelt. Im Folgenden wollen wir Ihnen beispielhaft anhand der Projektteammitglieder zeigen, wie dies aussehen kann.

Aufgaben

- bei der Erstellung von Projektauftrag und Projektplanung mitarbeiten
- Teilaufgaben nach Projektplan abarbeiten
- positive Einstellung und konstruktive Mitarbeit
- Loyalität und Vertraulichkeit (Spielregeln einhalten)
- über die geleistete Arbeit informieren und Abweichungen an Projektleiter melden
- Informationen einholen, um Teilaufgaben bearbeiten zu können

Kompetenzen

- Fachmann im Team hat Vetorecht
- aktiv an regelmäßigen Projektsitzungen teilnehmen
- freier Handlungsspielraum innerhalb der vereinbarten Teilaufgaben für die Bearbeitung
- direkter Zugang zum Projektleiter
- direkter Zugang zu Informationsquellen

Verantwortung

- aktive, team- und ergebnisorientierte Mitarbeit
- Richtigkeit der Ergebnisse gewährleisten,
- die geplanten Kosten und Zeiten für Teilaufgaben einhalten

- die spezifischen Projektinformationen zur Visualisierung und Steuerung des Projektes bereitstellen (Bringprinzip)
- Projektleiter auf Stand halten
- Teammitglied ist auf aktuellem Stand (Holschuld)

Leistungsschnittstellen (LSV)

Anlaufprozesse sind stellen-, funktions- und unternehmensübergreifend. Die Durchführung eines Projektes wird stark beeinflusst durch aufbauorganisatorische Schnittstellen.

Die Leistungsschnittstellenvereinbarung regelt im Unternehmen die zu erbringenden Leistungen im Hinblick auf Aktivität, Rolle und Status. Häufig finden wir nämlich die Situation in Unternehmen vor, dass es keine klare Zuordnung zwischen Verantwortung und Aktivität gibt.

Leistungsschnittstellen gehören vereinbart. Dieser Aspekt ist uns sehr wichtig. Denn die Erfahrung zeigt: Nicht nur die unternehmensspezifischen Aufgaben und Rollen müssen definiert werden. Auch die Leistungsschnittstellen gehören vereinbart. Schließlich haben Sie es bei einem Anlauf mit einem interdisziplinär zusammengesetzten Projektteam zu tun. Und eine Regelung stärkt das Verständnis für das Zusammenwirken von verschiedenen Beteiligten im Rahmen einer gemeinsamen Aufgabe. Von daher empfiehlt es sich, Sorgfalt walten zu lassen bei der Frage, wer wann „den Hut" aufhat. In Kapitel 4.6 sehen Sie ein Muster für eine LSV.

> ... Projekt-Kickoff. Zwei alte Hasen dabei, drei neue Gesichter, der Projektleiter („Anlaufmanager"). Von mindestens zwei aus der Mannschaft weiß ich, dass sie sich nicht „riechen" können. Der Start ist auf Ende nächster Woche terminiert. „Wir haben noch Zeit", meinte der Projektleiter.

Wenn Sie die LSV frühzeitig erarbeiten und im Vorfeld des Anlaufprojektes bzw. beim Projekt-Kickoff diskutieren, stärken Sie die Identifikation des einzelnen Mitarbeiters mit seinen Aufgaben bereits in der Planungsphase. Und Sie vermeiden spätere Friktionen. Entscheidend ist, dass diese Vereinbarung von allen Beteiligten akzeptiert wird.

Erfolgsfaktoren der Ablauforganisation

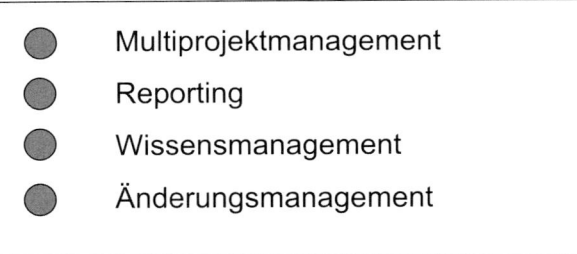

- Multiprojektmanagement
- Reporting
- Wissensmanagement
- Änderungsmanagement

Abb. 13: Erfolgsfaktoren der Ablauforganisation

Multiprojektmanagement

„Von Multiprojektmanagement spricht man, wenn eine Anzahl von Projekten – in der Regel mit strategischer Bedeutung – gleichzeitig beauftragt sind und durch das Multiprojektmanagement koordiniert werden." (Kessler / Winkelhofer 1997).

Dabei greift jedes Projekt auf die begrenzten Ressourcen eines Unternehmens zu. Sehr häufig fehlt der Überblick, wann dies für welches Projekt in welchem Umfang und mit welcher Priorität geschehen wird. Nicht selten sind dann beispielsweise wichtige Experten mit anderen Aufgaben betraut, meist dann, wenn für das Projekt unverzichtbare Leistungen anstehen. Oder sie befinden sich im Urlaub oder werden gleichzeitig für mehrere Projekte benötigt. Fehlt eine übergreifende Planung des Personaleinsatzes und werden die Engpass-Ressourcen nicht entsprechend berücksichtigt, gilt oft das Prinzip: Wer zuerst kommt, mahlt zuerst! Dies bedeutet, dass die Verfügung über die Ressourcen nicht nach der zweckdienlichen Notwendigkeit und Angemessenheit erfolgt, sondern nach der Hierarchie, die die Ressourcen für sich reklamiert. Anders gesagt: Das lauteste Rädchen bekommt das Öl.

Multiprojektmanagement hat hier die Aufgabe, Transparenz über alle Projekte bezüglich Personal- und Ressourcenbedarf herzustellen und voraussichtliche Engpässe zu erkennen.

Reporting

Reporting oder Berichtswesen ist ein Medium der Kontrolle. Es dient generell der Statusbestimmung und hier insbesondere der Früherkennung von Schwierigkeiten und Problemen im Projekt, in Teilprojekten und von Arbeitspaketen.

Meist werden im Projektauftrag nicht nur Art und Weise des Reporting, sondern auch die Zeitpunkte vereinbart. Wir favorisieren das Reporting in der Form der → Regelkommunikation mit dem Lenkungsausschuss.

Der Anlaufmanager muss sofort an den Lenkungsausschuss berichten, wenn das Erreichen des Projektzieles gefährdet ist – völlig gleichgültig, welcher Art die Gefährdung ist (Einhaltung von Terminen, Inhalten, Qualität, Kosten). Auch hier empfiehlt sich eine Standardvorgehensweise, die Sie mit Hilfe der Eskalationsreglung (siehe Kap 4.7) in den Griff bekommen.

Wissensmanagement: Erfahrungen sichern

In jedem Unternehmen, in jedem Projekt werden Fehler gemacht. Jedoch unterscheiden sich die erfolgreichen Unternehmen von den weniger erfolgreichen Unternehmen dadurch, dass die erfolgreichen aus ihren Fehlern lernen – die anderen nicht. Ein Weg, Erfahrungen aus dem Projekt zu „konservieren", aus seinen begangenen Fehlern zu lernen und in zukünftigen Projekten wieder zum Einsatz zu bringen, ist die Ergebnissicherung. Bei der Ergebnissicherung geht es nicht um Schuldzuweisung am Ende eines Projektes (im Falle, dass etwas schief gelaufen ist). Es geht in erster Linie darum, einen Wissens-Pool für andere Mitarbeiter zu schaffen, auf den jederzeit zugegriffen werden kann.

Bei der Ergebnissicherung richtet man seinen Fokus auf künftige Projekte. Man lernt aus seinen eigenen Fehlern und versucht diese beim nächsten Mal zu vermeiden. Erfahrungen aus dem Projekt, seien diese positiv oder negativ, helfen auf jeden Fall, nicht in Stillstand zu verharren, sondern stets in Bewegung zu sein, sich weiterzuentwickeln.

Wann sollte man seine Projektergebnisse am Besten sichern? Auch Anlaufprojekte bestehen aus mehreren Projektphasen. Am Ende einer jeden Projektphase sollte eine kurze Ergebnissicherung stattfinden. Die Ergebnisse des Projektes addieren sich: So hat man nach Abschluss des Projektes die Möglichkeit, auf eine Projektdokumentation zurückzugreifen.

Diese Dokumentation der Ergebnisse kann in unterschiedlichem Detaillierungsgrad stattfinden. Es empfiehlt sich, die Daten grafisch oder in Stichworten darzustellen.

„Prozessbeschreibung ist ein Know-how-Speicher" hatten wir an anderer Stelle gesagt. Anlaufprozesse müssen produkt- und unternehmensspezifisch beschrieben werden – daran führt kein Weg vorbei. Dabei gibt es jedoch einen hohen Überdeckungsgrad von Projekt zu Projekt. Fragen sind hier in der Regel:

- Wie mache ich diese Abläufe?
- Welche Aktivitäten erfolgen?

Wenn Sie dies dokumentieren, dann haben Sie in Ihrem Unternehmen Wissen über den Ablauf abgelegt. Und wenn Sie diesen Ablauf einhalten, haben Sie Ihren Ablauf auch abgesichert.

Haben Sie in Ihrem Projekt einen Fehler gemacht, anders gesagt: eine neue Erfahrung gewonnen, können Sie Ihren Ablauf anpassen, und er steht wiederum als allgemeiner Standard, als Prozessbeschreibung zur Verfügung. Auf diese Weise haben Sie einen Zugewinn an Know-how und machen den begangenen Fehler (hoffentlich) kein zweites Mal.

	trifft zu	trifft nicht zu
1. Aufgetretene „Fehler" werden nicht festgehalten.	☐	☐
2. Es wird keine Änderungshistorie mitgeführt.	☐	☐
3. Es erfolgt keine Meldung von Terminverzügen.	☐	☐
4. Es gibt keine abgestimmten Zwischenergebnisse.	☐	☐
5. Unerfahrene Projektleiter kennen die Grundsätze des Projektmanagements nicht.	☐	☐
6. Es wird nicht nach Standards gearbeitet.	☐	☐
7. Mitarbeiter werden häufig ausgetauscht.	☐	☐
8. Viele arbeiten nach dem Motto „Code first - design later"	☐	☐
9. Mitarbeiter „wursteln" vor sich hin. Keiner weiß, wo's langgeht, aber alle machen mit.	☐	☐
10. Mitarbeiter werden zu wenig geschult.	☐	☐
11. „Softworker" halten sich für Alleskönner.	☐	☐

Abb. 14: Häufige Fehler bei der Projektdurchführung

	trifft zu	trifft nicht zu
1. Es werden immer noch keine qualitätssichernden Maßnahmen ergriffen.	☐	☐
2. Tests werden nicht konsequent durchgeführt.	☐	☐
3. Testdaten und Testergebnisse werden nicht aufbewahrt.	☐	☐
4. Der Zielerreichungsgrad wird nicht überprüft.	☐	☐
5. Das gewonnene Know-how wird nicht gesichert.	☐	☐
6. Eine Überprüfung der Ergebnisse auf Wiederverwendbarkeit erfolgt nicht.	☐	☐

Abb. 15: Häufige Fehler bei Projektabschluss

Know-how ablegen ist das eine – pflegen das andere! Regelmäßig pflegen ist nämlich angesagt. Sie müssen nach einem abgeschlossenen Projekt sagen, was Sie und Ihr Team gut und was Sie schlecht gemacht haben. Und bei dem, was Sie schlecht gemacht haben, sollten Sie schauen, wie Sie es demnächst besser machen können. Auch das gehört wieder in die Prozessbeschreibungen eingepflegt und über das Führungssystem konsequent verfolgt.

Änderungsmanagement

Völlig unabhängig von einer Planung, so solide sie auch immer sein mag, können im Projektverlauf Änderungswünsche an das Projektteam herangetragen werden. (Vielleicht sollte man besser sagen: Es werden Änderungswünsche herangetragen – dies jedenfalls lehrt die Erfahrung.) Denn möglicherweise ergeben sich technische Entwicklungen, die eine Umorientierung der Projektziele erforderlich machen; oder es müssen neue behördliche/rechtliche Anforderungen erfüllt werden; oder (auch dies kommt vor) grundlegende Vorgaben erweisen sich als nicht zutreffend oder fehlerhaft.

Auf die grundlegende Problematik interner Änderungen, die sich aus dem Übertragen der Lastenheftanforderungen in das Pflichtenheft ergeben, sind wir auf S. 60f. eingegangen.

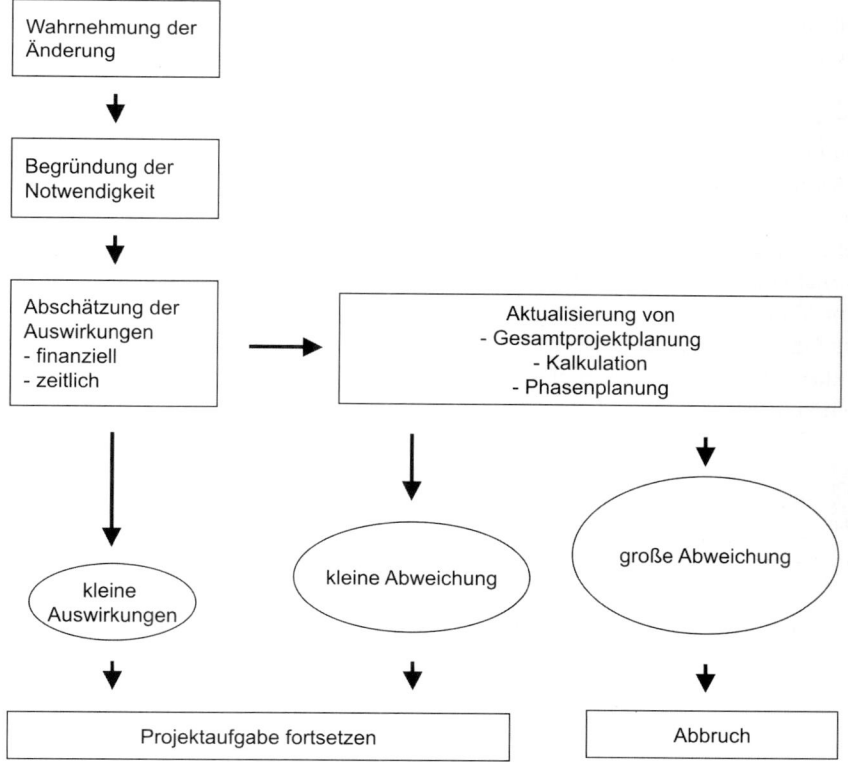

Abb. 16: Änderungsmanagement

Technische Änderungen vor dem Serienstart sind elementarer Bestandteil des Entwicklungsprozesses. Um intern und gegenüber Ihrem Kunden kurzfristig aussagefähig zu sein, sollten Sie Änderungen über den gesamten Entstehungs- und Serienprozess dokumentieren.

Häufig wird darauf verzichtet, Änderungen konsequent zu managen. („Konsequent" ist ein Stichwort, das Sie in diesem Buch an unterschiedlichen Stellen immer wieder finden werden.) Die Folge: Änderungswünsche werden entweder akzeptiert (ohne dass die Auswirkungen überprüft würden!) – oder sie werden rigoros abgelehnt (weil nicht sein kann, was nicht sein darf). Beides ist unseres Erachtens keine angemessene Reaktion. Häufige und unkontrollierte Veränderungen erhöhen zwar den Aufwand (an Arbeit, Planung und Koordination): Aber andererseits sollte auch die notwendige Flexibilität vorhanden sein, damit Sie neuen Herausforderungen begegnen können. Und Sie stellen sicher, dass Ihnen die Kontrolle nicht entgleitet.

Warum ist dies alles so wichtig? Nun: Weil jede Änderung Auswirkungen auf andere Arbeitspakete hat, auf einzelne Komponenten, auf Termine und Kosten. Deshalb empfiehlt sich ein systematisches Überprüfen.

Der Änderungsantrag geht dann häufig über alle beteiligten Fachabteilungen an den Anlaufmanager, der ihn prüft und die Auswirkungen schriftlich festhält. Danach kann die Entscheidung, gestaffelt nach Aufwand bzw. Risiko (klein / mittel / groß) getroffen werden.

Von daher empfehlen wir, die Änderungswünsche systematisch zu prüfen. Systematisches Änderungsmanagement basiert auf spezifischen Frühindikatoren wie der Reifegradbewertung oder der Risikoabschätzung nach QKT-Kriterien und setzt voraus, dass die Bereiche Planung und Fertigung frühzeitig eingebunden werden. Nur so lassen sich Entwicklungsrisiken bewerten und rechtzeitig entsprechende Gegenmaßnahmen vorbereiten. Voraussetzung hierfür ist, dass die Vorabentwicklungsstände z. B. in Reviews regelmäßig und konsequent untersucht und aktualisiert werden.

Sie kennen vielleicht den Begriff, der sich dafür eingebürgert hat: man spricht von „Claim Management", das Verfahren zur Verfügung stellt, wie mit Änderungswünschen umgegangen wird. Auf diese Weise wird erreicht, dass Anforderungen, die aus dem Projektteam oder von Seiten des Kunden kommen, rasch erfasst und berücksichtigt werden können.

 Gewünschte Änderungen sollten auf einem Standardformular beschrieben und begründet werden. In jedem Fall sollten Sie die Fachleute anfragen.

Änderungsantrag (Change Request)	
Antragsteller:	Datum:
Betroffenes Projekt:	
Betroffenes Arbeitspaket:	
Begründung der Änderung:	
Beschreibung der Änderung:	
Zu ändernde Unterlagen:	
Sonstige Änderungen:	
Auswirkungen auf andere Arbeitspakete:	
Termine und Kosten:	
Funktionalität / Qualität der Ergebnisse:	
Änderungspriorität: ☐ hoch ☐ mittel ☐ niedrig	
Stellungnahmen	
Projektleitung:	
Qualitätsmanagement:	
Andere Fachleute:	
Änderungsmanagement genehmigt? ☐ ja ☐ nein	
Begründung:	
Durchführungsbescheid / Änderungskonferenz:	
Datum / Unterschrift	

Abb. 17: Muster für einen Änderungsantrag

 Änderungswünsche können zu Änderungen des Projektauftrages führen (inhaltlich, zeitlich, budgetär). Wird erkennbar, dass der Projektauftrag inhaltlich nicht erfüllt werden kann, der Endtermin nicht eingehalten werden kann oder das Projektbudget überzogen werden muss – müssen diese Informationen unbedingt und unverzüglich an die Verantwortlichen weitergeleitet werden.

Das Beispiel Toyota

Bei Toyota ist das Thema Änderungen auf eigene Weise gelöst. Hier gibt es eine Vorgehensweise, bei der bis zu einem bestimmten Zeitpunkt sämtliche prototypischen Teile oder Vorserienteile gesammelt und dann beliebig oft ins Fahrzeug eingebaut werden. Es wird Montierbarkeit, es werden Funktionalitäten abgeprüft. Dabei entsteht ein riesiges Dokument an Änderungen hinsichtlich besserer Montierbarkeit, hinsichtlich funktionaler Themen oder Aspekten der Qualität. Dies wird gesammelt, um anschließend einen gebündelten Änderungsprozess zu starten und abzuwickeln. Und dann ist auch der Zeitpunkt gekommen, die Serie zu starten. Dies ist ein wesentlich höher abgesicherter Prozess als hierzulande.

Der Anlaufmanager als Filter auf der Projektebene

Nach unserem Verständnis hat der Anlaufmanager auch eine wichtige Funktion beim Thema Änderungsmanagement. Denn er kennt die Produktions- und Produktthemen.

Wenn Sie in der folgenden Abbildung den unteren Teil des Trichters betrachten, sehen Sie das Stichwort Projektarbeit – was nichts anderes bedeutet, als ein Lastenheft abzuarbeiten. Dabei kommen während des Anlaufprojektes erfahrungsgemäß von außen neue Anfragen. Ein Beispiel:

 Ihr Kunde möchte mitten im Projekt eine neue Technologie haben, was eine Neu- bzw. Vorentwicklung wäre. Dabei könnte das Risiko von nicht beherrschten Prozessen oder Funktionen eines Bauelementes entstehen. Dies würde Ihr Projekt mit Änderungen belasten, vermutlich zu terminlichen Verzögerungen und zu hohen Kosten führen (die der Kunde dann allerdings selten bereit ist zu akzeptieren bzw. zu bezahlen).

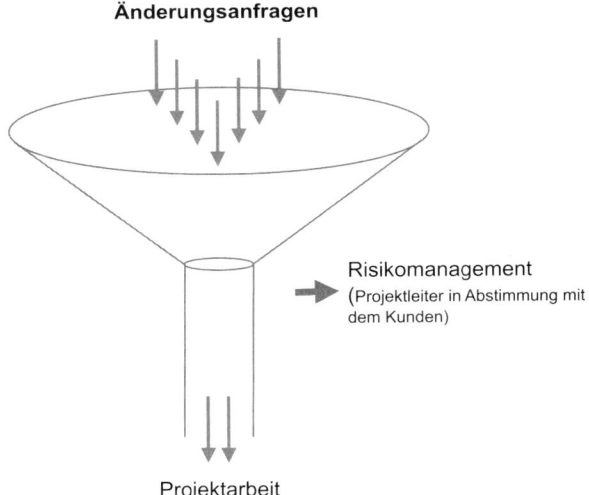

Abb. 18: Der Anlaufmanager als Filter

Ein Anlaufmanager verfügt über das entsprechende Produkt-, Prozess- oder Abwicklungswissen – vorausgesetzt, im Unternehmen wird aus Anlaufprojekten gelernt und dieses Wissen auch in standardisierter Form abgelegt. Aus diesem Grund kann er aufgrund seiner Erfahrung sagen, dass ein konkreter Änderungswunsch nicht realisierbar ist, weil der Versuch im letzten Projekt gescheitert ist. Ergo ist auch zum jetzigen Zeitpunkt die Gefahr des Scheiterns groß, weil das Unternehmen für dieses Problem noch keine vernünftige Lösung hat. Auf diese Weise hält der Anlaufmanager nicht nur Risiken fern, sondern die eigene Organisation von Dingen frei, die zu Verschwendung führen.

Das Resultat: Der Anlaufmanager entscheidet zusammen mit seinem Kunden, ob eine konkrete Anfrage im Filter hängen bleibt – weil nicht realisierbar, zu teuer oder zu riskant. Je zeitnäher der Anlaufmanager dieses Risikomanagement auf Basis der QKT und Stati betreibt, desto glaubhafter wird er auch sein. (Mit diesem Beispiel wollen wir aber nicht den Eindruck erwecken, als dass es nicht auch Anfragen oder Änderungswünsche gäbe, die nicht Sinn machen würden, die dann auch in der Projektarbeit optimal wirken oder auch das Produkt verbessern.)

In diesem Zusammenhang gibt es noch ein anderes wichtiges Thema, nämlich das der mangelnden Transparenz. Häufig gibt es die Situation, dass der Kunde auf etwas besteht – aber der Anlaufmanager verfügt nicht über die nötige Transparenz im Projekt. Deshalb kann er den Kunden auch nicht darauf hinweisen, dass ein terminliches oder kostenmäßiges Risiko existiert. Hat er allerdings die nötige Transparenz, kann er zu jedem Zeitpunkt sagen, wo ein Risiko auftauchen kann.

Betrachtet man technische Änderungen isoliert als Störgröße, greift man zu kurz. Denn es hat sich herausgestellt, dass es nicht die richtige Strategie ist, nur die Zahl der Änderungen gering zu halten. „Viel entscheidender ist der Zeitpunkt der Änderung, der die Kosten und Gestaltungsmöglichkeiten im besonderen Maße bestimmt. Vor allem in den späten Phasen der Produktentstehung führen Änderungen nicht selten zu Materialengpässen…, die kostspielige Ad-Hoc-Maßnahmen nach sich ziehen." (Risse in DVZ 2004).

 **Anlauforganisation**
Was wir gelernt haben

Lektion Nr. 1. Unternehmen benötigen eine eigene Organisationseinheit, um Anläufe zu managen. Diese Organisationseinheiten sollten nicht zu spät im Sinne einer Task-Force-Einheit gebildet, aber auch nicht zu früh wieder aufgelöst werden.

Lektion Nr. 2. Unternehmen benötigen ein konsequent ausgeprägtes, gelebtes Führungssystem im Anlaufmanagement.

Lektion Nr. 3. Unternehmen sollten über „echte" Anlaufmanager verfügen.

Lektion Nr. 4. Sorgen Sie unbedingt dafür, dass Sie die entsprechenden Leistungsschnittstellenvereinbarungen (kurz: LSV) entwickeln und dokumentieren. Damit wird exakt festgelegt, wer bei den einzelnen Aktivitäten im Verlauf des Anlaufprojektes „den Hut aufhat".

Lektion Nr. 5. Widmen Sie dem Thema AKV die nötige Aufmerksamkeit. Diese ist nötig, um Anlaufprojekte zu einem erfolgreichen Abschluss zu bringen. „AKV" steht für „Aufgaben, Kompetenzen und Verantwortung".

Lektion Nr. 6. Sorgen Sie für klare Spielregeln und sinnvolle Abläufe in Ihrer Projektorganisation. Ein Muster finden Sie auf Seite 102.

Lektion Nr. 7 Der Workflow eines Anlaufes (im Sinne einer ablauforganisatorischen Definition) muss existieren und auch „gelebt" werden.

- Teamkultur muss erarbeitet werden. Es hat sich bewährt, schon beim Kickoff klare Regeln für das Zusammenwirken der Teammitglieder zu vereinbaren und vor allem schriftlich zu fixieren.
- Diese Spielregeln sind die Voraussetzung dafür, dass die Erfolgsfaktoren wirken können.

Erfolgsfaktoren der Anlaufstrategie

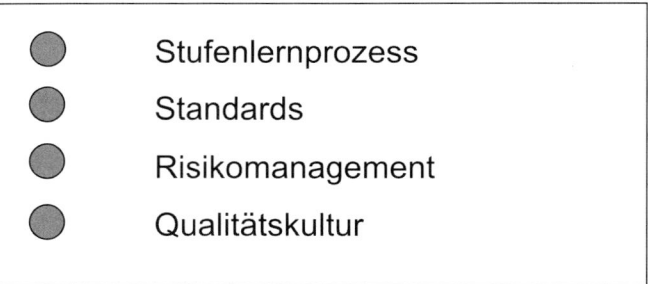

Abb. 19: Erfolgsfaktoren der Anlaufstrategie

Der Stufenlernprozess

Wir hatten in Kapitel 1 beschrieben, dass wir uns mit unserem Konzept an dem VDA-Prozessmodell anlehnen. In diesem Prozess gibt es wesentliche Meilensteine.

In der Regel ist es so, dass der Prototyp von einem Musterbau gemacht wird. Das Problem ist allerdings häufig, dass niemand aus der Produktion diesen Prototyp zu Gesicht bekommt, geschweige denn daran mitgewirkt hätte. Auch bei der Vorserie sind noch sehr viele Musterbauanteile enthalten. In dieser Phase werden noch Dinge korrigiert, die sich nicht fügen, die sich nicht montieren oder fertigen lassen. (In Kap. 2.2, Abb. 20 hatten wir auf die 10er-Regel hingewiesen und wie sich Fehler bzw. Änderungen im Lauf der Wertschöpfungskette potenzieren!) Auch hier stellen wir immer wieder fest, dass die Produktion nicht miteinbezogen wird. Aber es kommt der Tag X, an dem die Produktion dieses Teil zum ersten Mal in die Hände bekommt und produzieren soll. Jetzt steht man allerdings vor einem Problem (siehe Abb. 20).

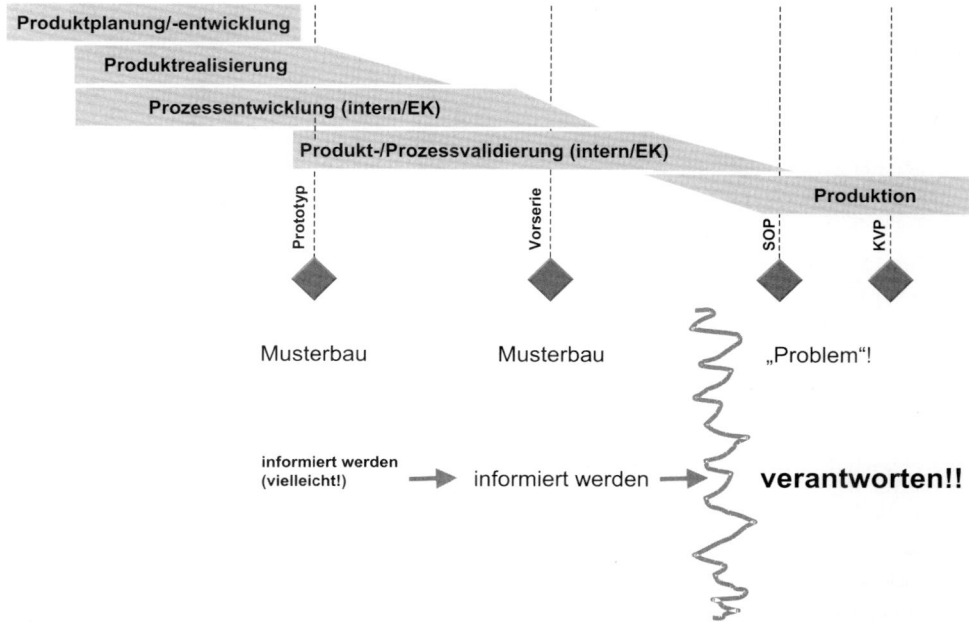

Abb. 20: Ist-Situation (mangelhafte Einbindung)

Da diese Vorgehensweise nicht wirklich zielführend ist, wie viele Beispiele aus unserer Praxis zeigen, sprechen wir von einem Stufenlernprozess – von verschiedenen Prototypen über die Vorserie zur Serie. Dieser Prozess muss unbedingt von Mitarbeitern der Produktion begleitet werden. Dabei sind die Mitarbeiter in unterschiedlichem Maße involviert: von „informiert werden" über „M" wie „mitwirken" zu „V" wie „Verantwortung tragen". Mitwirken meint „produzieren – nicht unbedingt auf Serienanlagen, aber möglichst seriennah" (siehe Abb. 21). (Und wir empfehlen, auch die Lieferanten zu integrieren.)

Auf Seite 148 haben wir beschrieben, dass Zuständigkeiten und Verantwortlichkeiten anhand der LSV klar geregelt gehören.

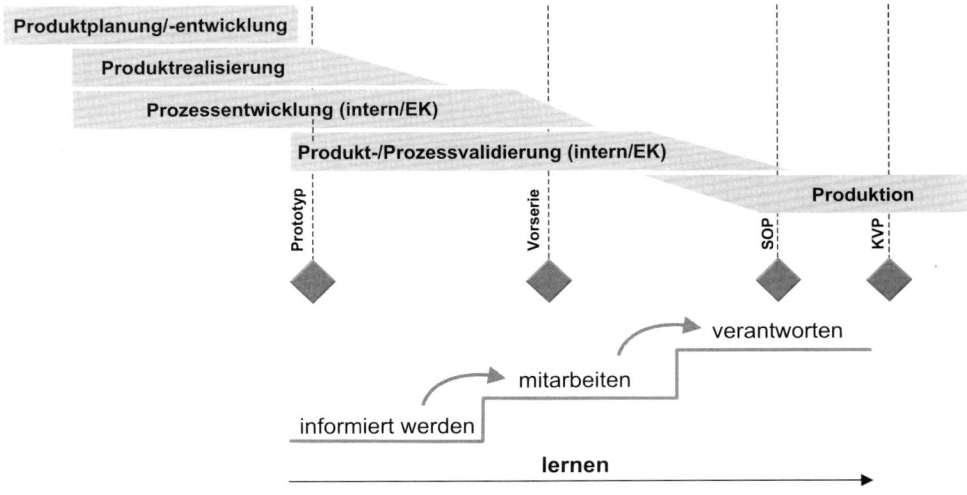

Abb. 21: Soll-Situation – in Stufen lernen

Standards

„Standards zu setzen heißt, Arbeitsprozesse und Arbeitsergebnisse sowie die Funktion von Mitarbeitern durch Organisation, Regelungen und Stellenbeschreibungen dauerhaft festzulegen. Damit erreichen Sie eine Reduktion des Koordinationsbedarfs, einer erhöhten Routine von Prozessen, einheitliche Qualitätsnormen sowie einen geringeren Absprache- bedarf." (Welge, Peschke 2003)

Was die Autoren Martin K. Welge und Michael A. Peschke hier eher allgemein formu- lieren, lässt sich dennoch sehr gut auf unser spezielles Thema übertragen. Denn die Schlüsselbegriffe sind in diesem kleinen Absatz bereits enthalten. Sie lauten: Koordina- tionsaufwand reduzieren. Routine in Prozessen erhöhen (und damit, dies sei ergänzt, weniger Fehler, mehr Stabilität, mehr Prozesssicherheit, mehr Qualität). Weniger Ab- sprachen. Und, so darf hinzugefügt werden: Kosten werden gesenkt. Ein Standard (Unternehmens- oder Prozess- oder welcher Standard auch immer) ist die derzeit beste Lösung für ein Problem. Und nicht nur das. Denn in jedem Standard steckt auch Wissen – nämlich prozedurales und fachliches.

Der standardisierte Produktentstehungsprozess

Der Weg zu einem neuen Produkt ist nicht trivial – Ideen alleine reichen nicht. Innovative Unternehmen müssen Kreativität und Umsetzung unter einen Hut bringen. Um die vielen Aktivitäten, Interessen und Ziele zu koordinieren, ist ein systematischer, standardisierter PEP dringend notwendig – der Produktentstehungsprozess. Und weil genau hier der Hase im Pfeffer liegt, wurden in der Vergangenheit vor allem auf Seiten der angewandten Forschung enorme Anstrengungen unternommen, um den Unternehmen ein systematisches, standardisiertes Vorgehen inklusive methodischer Unterstützung „schmackhaft zu machen". Damit ein standardisiertes Vorgehen mit den ureigenen Stärken vor allem der kleinen und mittelständischen Unternehmen verknüpft wird: nämlich deren Entschlusskraft und guten Nase für mögliche Erfolge.

Standards – mehr Qualität, weniger Kosten

„Das haben wir schon immer so gemacht!" ist kein besonders gelungenes Argument, um „Standardisierung" zu befürworten. Wir wollen auch keine Lanze brechen für eine Vorgehensweise, die vor lauter „in die Vergangenheit gerichteter Aktivitäten" (Protokollieren, Dokumentieren, Ablegen) nicht zum eigentlich „vorwärtsgerichteten aktiven Agieren" kommt. Wertschöpfung findet nicht in besonders akribisch durchdachten Formularen statt, die schnell zum Alptraum werden können – sondern in der professionellen Realisierung eines Projektes, in dem schnell und flexibel auf (nicht vorhersehbare) Änderungen eingegangen wird, das Projektziel stets im Auge behaltend. Standards, in richtigem Maße angewandt, sind unumgänglich. Die sind in der folgenden Abbildung dargestellt. Standards ergänzen bzw. erweitern bzw. ändern heißt lernen – in und mit der Organisation.

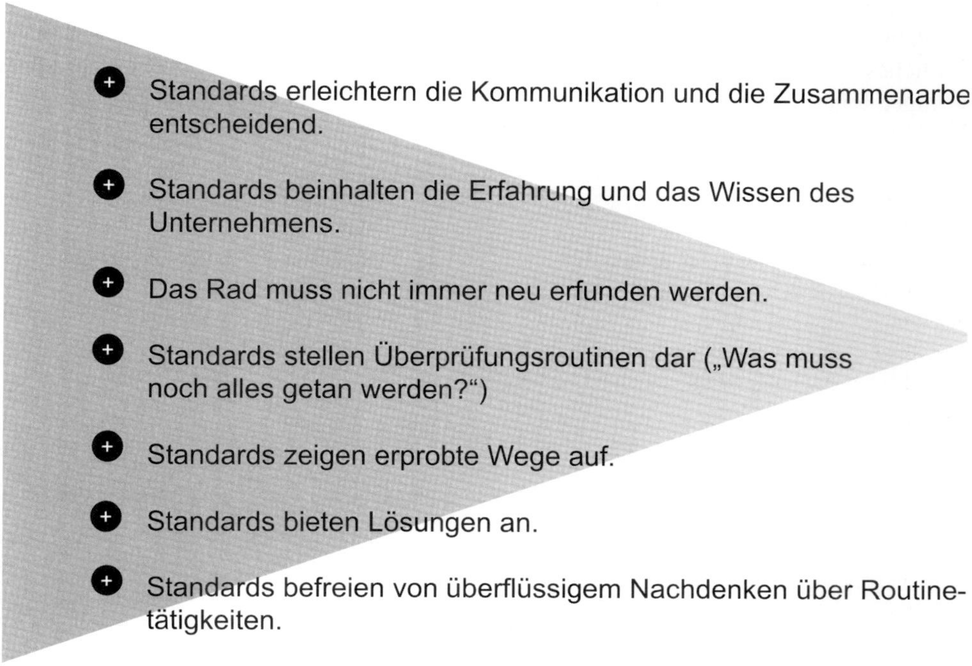

+ Standards erleichtern die Kommunikation und die Zusammenarbe entscheidend.

+ Standards beinhalten die Erfahrung und das Wissen des Unternehmens.

+ Das Rad muss nicht immer neu erfunden werden.

+ Standards stellen Überprüfungsroutinen dar („Was muss noch alles getan werden?")

+ Standards zeigen erprobte Wege auf.

+ Standards bieten Lösungen an.

+ Standards befreien von überflüssigem Nachdenken über Routinetätigkeiten.

Abb. 22: Warum Standards – einige gute Gründe

Risikomanagement

Erfolg	Erfolg	Erfolg	Erfolg	Erfolg	Erfolg	Erfolg
Erfolg	Erfolg	Erfolg	Erfolg	Erfolg	Erfolg	Erfolg
Erfolg	Erfolg	Erfolg	Erfolg	Erfolg	Erfolg	Erfolg
Erfolg	Erfolg	Erfolg	Erfolg	Erfolg	Erfolg	Erfolg
Erfolg	Erfolg	Erfolg	Erfolg	Erfolg	Erfolg	Erfolg
Erfolg	Erfolg	Erfolg	Erfolg	Erfolg	Erfolg	Erfolg
Erfolg	Erfolg	Erfolg	Erfolg	Erfolg	Erfolg	Erfolg
Erfolg	Erfolg	Risiko	Erfolg	Erfolg	Erfolg	Erfolg
Erfolg	Erfolg	Erfolg	Erfolg	Erfolg	Erfolg	Erfolg
Erfolg	Erfolg	Erfolg	Erfolg	Erfolg	Erfolg	Erfolg
Erfolg	Erfolg	Erfolg	Erfolg	Erfolg	Erfolg	Erfolg
Erfolg	Erfolg	Erfolg	Erfolg	Erfolg	Erfolg	Erfolg
Erfolg	Erfolg	Erfolg	Erfolg	Erfolg	Erfolg	Erfolg

Das Unsichere ist sicher. Risiken gibt es mehr als genug. Auch und gerade in Anlauf-projekten: Risiken in der Projektaufgabe, im fachlichen bzw. technologischen Wandel, bei den Lieferanten, Prozessen, Komponenten, neuen Werkstoffen.

Von daher müssen alle Beteiligten lernen, wie man Risiken erfolgreich begegnet. „Erfolgreich" meint: das Projekt in der Zeit, innerhalb des Budgets und mit der nötigen Qualität ans Ziel zu bringen. Projekte besitzen jedoch eine Reihe ganz eigener Merkmale. Denken Sie nur an Stichworte wie Aufgabenstellung, klare Ziele, begrenzte Ressourcen, zeitliches Ende. Aus diesem Grund trägt zunächst einmal jedes Projekt ein mehr oder weniger hohes Risiko in sich.

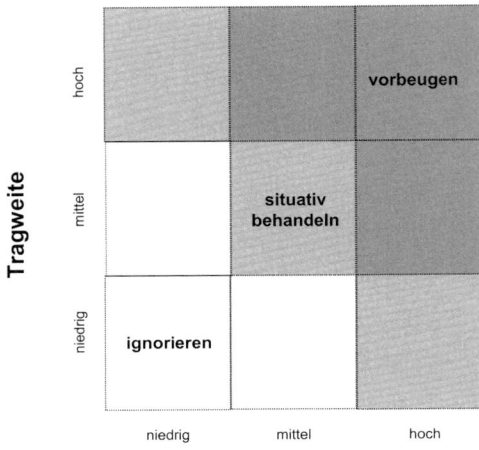

Abb. 23: Handlungsempfehlungen je nach Wahrscheinlichkeit und Tragweite eines Risikos

Anlaufprojekte sind komplex – kein Zweifel. Deshalb sind immer mehr übergreifende Lösungsansätze gefordert. Die Frage ist: Wie funktioniert ein schnittstellenübergreifendes Risikomanagement, um Rückrufaktionen und Garantie- bzw. Kulanzkosten zu vermeiden?

Risiken managen – das kleine 1x1 des Projekterfolges

Es gibt ein schönes Zitat aus dem angelsächsischen Raum, das wir an dieser Stelle wiedergeben wollen: „If you don't actively attack the risk, the risk will actively attack you". Das Management von Anlaufprojekten ist anspruchsvoll, weil eine der Herausforderungen darin besteht, Risiken frühzeitig zu entdecken und zu eliminieren bzw. zu reduzieren. Die Fähigkeit, mit Risiken und deren wachsender Unvorhersehbarkeit umzugehen, bestimmen das Tagesgeschäft des Anlaufmanagers. Die Wahrscheinlichkeit, dass etwas nicht wie geplant verläuft, ist insbesondere unter dem Gesichtspunkt der gestiegenen Komplexität und der ständig wachsenden Anforderungen an Anlaufprojekte durchaus realistisch.

 Ein Risiko ist ein Ereignis, dessen Eintreten den geplanten Projektverlauf entscheidend behindern kann. Risikomanagement meint alle „Aktivitäten zur Antizipation und Steuerung von Risiken" (Bieta et. al 2002, S. 385).

Arten von Risiken

Wir wollen zwei grundsätzliche Arten von Risiken voneinander unterscheiden. Da gibt es unserer Erfahrung nach einmal

- Risiken, die bei Projektstart bereits klar erkennbar und deren Auswirkungen abschätzbar sind.
- Zum anderen treten Risiken versteckt auf, sie treten erst während der Projektlaufzeit zu Tage. Deren Auswirkungen sind auch nicht abschätzbar.

 Risikomanagement ist keine punktuelle Angelegenheit, sondern ein kontinuierlicher Prozess. Und weil sich Risiken nicht einfach eliminieren lassen, sollten sie frühzeitig aktiv angegangen werden. Dies soll nicht heißen, dass Sie immer mit dem Schlimmsten rechnen sollten. Aber Sie sollten darauf vorbereitet sein. Aktiv angehen heißt, dass Sie sich bewusst mit dem Team zu einem Risikomanagement bekennen und geeignete Maßnahmen planen, mit denen unvorhergesehene Risiken schnell behoben werden können.

Ein Risiko, das unvermittelt eintritt und dabei eine signifikante Gefahr für das Projekt darstellt, ist ein Projektmanagement-Fehler.

Risiko – „Et kütt wie et kütt"?

In dem Kölner Sprichwort drückt sich etwas wie Fatalismus aus. Es kommt sowieso alles so, wie es kommen muss. Diese Ansicht teilen wir nicht. Außerdem gibt es Methoden,

Risiken projektintern		Bewertung			
Umfeld	Risiken	groß	mittel	klein	unklar
Risiken im technischen Wandel	• neues Produkt, wenig bzw. kein Know-how • neue Technologien im Einsatz • fachspezifisches Wissen und Können veralten				
Risiken in der Projekt- aufgabe	• Aufgabenumfang und -komplexität zu gering eingeschätzt • absolute und relative Ergebnisse sind unrealistisch • durchzuführende Maßnahmen haben Nachrang vor dem opera- tiven Regelablauf				
Finanz- bedingte Risiken	• Auftragswert • Kalkulationsfehler • Gewährleistung • Finanzierung • Abnahme • Sonstiges:				
Risiken im Team- Umfeld	• Mitarbeitermangel • Qualifikation • Motivation • Ängste • Konflikte				
Risiken in der Organisation	• Kompetenzverteilung • Kooperationspartner				
Informa- tions- bedingte Risiken	• Datenverlust • Berichtswesen • Verzögerungen				

Abb. 24: Risiken aus dem sachlich-inhaltlichen Projektumfeld

deren Einsatz sich lohnt. Beispielsweise Produkt-, Prozess- und Projekt-FMEAs (auf die wir in Kapitel 4 näher eingehen werden).

Und dennoch: Wir stellen fest, dass in den Unternehmen immer wieder fatale Fehler gemacht werden, wenn es um das Thema Risiken geht.

Fatale Fehler, die immer wieder begangen werden

- Das Risiko wird ignoriert. „Aussitzen" ist eine Methode, die in der Politik schon mehr als einmal erfolgreich angewendet wurde. In der Industrie hat es häufig fatale Folgen und empfiehlt sich überhaupt nicht. Denn das Risiko besteht auch dann, wenn ich es nicht wahrhaben will.
- Die Wahrscheinlichkeit, dass ein Risiko eintritt, wird unterschätzt. Böser Fehler.
- Die Auswirkungen werden unterschätzt, wenn das Risiko eintritt.
- Man überschätzt seine eigenen Möglichkeiten, situatives Risikomanagement zu betreiben. Denn: ob ein Brand verheerenden Schaden anrichtet, hängt nicht davon ab, dass es brennt, sondern was brennt und ob der Brandherd zügig gelöscht werden kann.
- Man will alles absichern, weil man ein Damoklesschwert über sich hängen sieht. Das Gefährliche am Damoklesschwert ist allerdings nicht die Schärfe der Klinge – sondern möglicherweise der dünne Faden.

Ein guter Projektleiter ist jemand, der Risiken im Griff hat. Ein technisch versierter Projektleiter ist jemand, der für erkannte Risiken technische Lösungen findet. Und ein geschickter Projektleiter ist jemand, der signifikante Risiken an jemand anderen delegiert. Welcher wollen Sie sein?

Wir wollen Sie an dieser Stelle ermuntern, sich einmal kurz die folgenden Fragen zu stellen und eine Antwort darauf zu geben:

- Wie reagiere ich auf Risiken, die ich erkenne?
- Wie erkenne ich Risiken?
- Wie sichern wir uns üblicherweise ab?
- Wie sollten wir uns absichern?
- Wie reagiere ich, wenn Risiken sich bestätigen?
- Sind wir für bestimmte Risiken blind?
- Wie reagiere ich bei unvorhergesehenen Risiken?
- (Dieser Fragenkatalog ist beliebig erweiterbar.)

Wir wollen uns nun noch mit zwei wichtigen Aspekten beschäftigen, nämlich dem Risikomanagement

- bei der Lieferantenauswahl und
- beim Simultaneous Engineering.

Risikomanagement bei der Lieferantenauswahl – Den Nachschub sichern

„Gute Kenntnis der Zulieferer mindert Risiken". So lautete die Überschrift eines Artikels in den VDI-Nachrichten. Und im Text hieß es dann: „Auf 100 Mio. DM bezifferte Ford den Schaden, verursacht durch einen Produktionsausfall beim Zulieferer. Mangels Tür-schlösser konnten tagelang keine Autos komplett hergestellt werden." (Quelle: VDI-Nach-richten 10.9.04, S. 33)

Dieser spektakuläre Fall, von den Medien vielfach aufgegriffen, zeigt deutlich, dass die Risiken in den Versorgungsketten zugenommen haben. Die größten Zulieferer der Automobilindustrie beispielsweise kooperieren mit bis zu 12.000 Zulieferern. Und leider ist präventives Einkaufsmanagement im Einkauf noch immer nicht sehr ausgeprägt. Der gestandene Einkäufer verlässt sich traditionell auf seine gute Nase. Und aus diversen Quellen erfährt er, ob sich beim Lieferanten XY womöglich Probleme anbahnen. Aber plötzlich ist dann der Ernstfall da, der Nachschub akut gefährdet oder bereits unter-brochen (siehe oben).

Es geht aber nicht nur um die physische Verfügbarkeit von Teilen, sondern auch um Preis-, Qualitäts- und Technologie-Risiken, die Sie im Blick behalten müssen.

Änderungen wird es immer geben. Manche Kunden ändern bis zum SOP und verlagern die gesamte Verantwortung auf die Zulieferer. Aber: Das Ziel sollte sein, so wenig wie möglich interne Änderungen „zu provozieren". Bei den unvermeidlichen externen Ände-rungen gilt es, die technischen, qualitativen, terminlichen und finanziellen Kostenrisiken zu bewerten (unser QKT-Thema).

Qualitätskultur

Wenn wir in einzelnen Unternehmen auf das Thema „Qualität" und „Qualitätskultur" zu sprechen kommen, hören wir häufig Folgendes. Wir wollen es anhand eines konkreten Beispiels aus der Automobilbranche paraphrasierend wiedergeben:

> Ein OEM kommt auf das Unternehmen zu mit dem Auftrag, ein spezifisches Teil oder Gerät zu entwickeln und ab SOP zu liefern. Im Laufe des Projektes legt der Kunde dann ein Blatt vor, auf dem Qualitätsziele vereinbart werden müssen: „Serienstart ist Juli 2005. Für die ersten zwölf Monate vereinbaren wir ein Qualitätsziel von 300 ppm, für das nachfolgende Jahr 200 ppm und das darauf folgende Jahr 100 ppm." Linienverantwort-liche unterschreiben dies vielleicht – ohne dass sichergestellt wäre, dass die Prozesse diese Qualität auch produzieren.

Und es muss auch gesagt werden: Mit dieser Unterschrift gibt es noch keine vereinbarte und gelebte Qualitätsphilosophie in Ihrem Unternehmen. Aber Qualität ist ein zentraler Punkt bei einer Projektabwicklung. Aus diesem Grund ist eine entsprechende Qualitäts-kultur im Unternehmen unverzichtbar. Dies beinhaltet beispielsweise, dass Sie auf Basis der Standard-Produkt- bzw. der Standard-Prozess-FMEA an fehlervermeidenden The-men arbeiten. (Details hierzu in Kapitel 4.)

Es geht darum, eine Kultur zu installieren (und zu leben!), die nicht nur Fehler reduzierend wirkt, sondern das Ziel hat, Produkte und Leistungen zuverlässig und ohne Fehler an den Kunden zu liefern. Um dies zu realisieren, gibt es präventive Methoden wie beispielsweise Poka Yoke und Jidoka.

 Anlaufstrategie
Was wir gelernt haben

Lektion Nr. 1. Implementieren Sie einen Stufenlernprozess und „leben" Sie ihn.

- Zuständigkeiten und Verantwortlichkeiten gehören klar geregelt.
- Prototypenbau und Vorserienproduktion müssen unter Einbeziehung der Produktion durchgeführt werden.
- In diesen Stufen-Lern-Prozess sollten auch die Lieferanten der vorgelagerten Stufen integriert werden.

Lektion Nr. 2. Es müssen Standards für den Planungsprozess und den Produktentstehungsprozess existieren und genutzt werden:

- Die Standards müssen umfassend sein.
- Die Standards müssen konsequent gelebt werden.

Lektion Nr. 3. Es muss ein Risikomanagement existieren.

- Implementieren Sie aktive FMEA-Prozesse für das Produkt, den Prozess und Ihr Projekt.
- Änderungen werden anhand der Parameter Q, K, T bewertet.

99

Lektion Nr. 4. Legen Sie Qualitätsziele klar fest und setzen Sie Qualitätsvorgaben der Kunden konsequent in Prozess und Produkt um.

- Installieren Sie eine Null-Fehler-Kultur.
- Sorgen Sie für eine ZDF-basierte Dokumentation und Visualisierung mit Regelkommunikation.

Übrigens: viele „hohe Ausschussquoten" sind nicht ausgestandene Anlaufprobleme. D.h. unbeherrschte Prozesse, Verfahren und Technologien werden in Serie gebracht.

Erfolgsfaktoren des Führungssystems

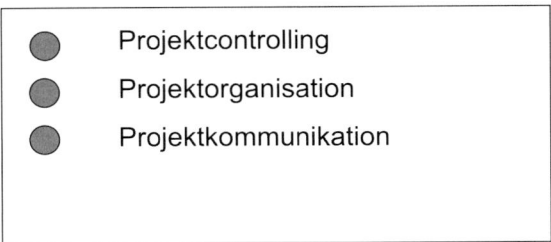

Abb. 25: Erfolgsfaktoren des Führungssystems

Projektcontrolling: Transparenz schaffen

Vieles in unserem täglichen Leben wird kontrolliert. Das beginnt mit der Milch, die auf Ihrem Frühstückstisch steht; mit der S-Bahn, mit der Sie vielleicht zur Arbeit fahren oder mit dem Flugzeug, in dem Sie zu Ihrem nächsten Meeting fliegen. Und als Käufer eines neuen elektrischen Produktes können Sie sich darauf verlassen, dass es – ehe es zugelassen wurde – auf Sicherheit kontrolliert wurde.

Auch Projekte gehören kontrolliert. Denn ein Projekt, das nicht kontrolliert wird, befindet sich bald außer Kontrolle. Allerdings sollte diese Kontrolle sachlich und fundiert sein – so wird die Qualität eines Projektes sichergestellt. Informieren Sie Ihr Team beim Kick-off darüber, dass Sie „controllen" werden – dann wird Ihnen jeder bereitwillig Auskunft geben, wenn Sie sich nach dem Stand der Arbeiten erkundigen.

Generell gilt: Sie sollten ein ausgewogenes Verhältnis von Kontrolle und Risiko anstreben. Projektcontrolling darf nie zum Selbstzweck werden: Im Vordergrund steht immer der Projekterfolg. Abb. 26 zeigt, dass mit einem sehr hohen Einsatz von Kontrollinstrumenten bei gleichzeitig steigenden Gesamtkosten das Risiko nur noch unbedeutend reduziert werden kann. Damit also die Gesamtkosten nicht unnötig steigen, sollten Sie bei einem vertretbaren Risiko den Aufwand für das Controlling begrenzen. Konzentration auf das Wesentliche lautet hier die Parole.

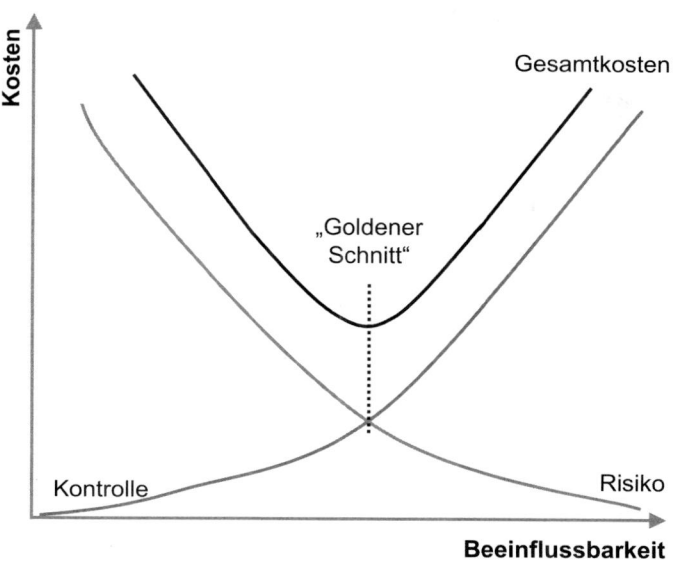

Abb. 26: Zusammenhang zwischen Kontrolle, Kosten und Risiko

Wie überwacht und steuert man ein Anlaufprojekt?

Ganz einfach: mit objektiven Zahlen, Daten, Fakten, die heute häufig subjektiv ermittelt werden, z.B. über den Projektfortschritt. Heute sind Flexibilität und schnelles Reagieren gefragt. Dazu muss aktuellstes Informationsmaterial ständig verfügbar sein. Betrachtungsobjekte des Projektcontrollings sind Zeit, Kosten, technische Zielerreichung (Leistungsfortschritt) und Ressourcen (Mensch, Maschine, Material, Information, Organisation).

Der effiziente Ressourceneinsatz bestimmt den „Wirkungsgrad" bei der Projektabwicklung und ist eine wichtige Voraussetzung, um dem Preis- und Zeitdruck zu begegnen. Um Ressourcen allerdings effizient einsetzen zu können, müssen Abläufe permanent hinterfragt und geprüft werden, inwieweit sie zu verbessern sind. Dabei hilft Ihnen unsere Methode ProVis (siehe Kap. 4 und S. ** in diesem Kapitel).

Übrigens: Die meisten Projektschwierigkeiten entstehen durch Störungen in frühen Projektphasen, die häufig nicht ernst genommen bzw. korrigiert werden.

Die Projektorganisation: Für klare Spielregeln und sinnvolle Abläufe sorgen

Die Projektorganisation muss glasklar definiert werden – weil die Matrixorganisation ein Gebilde ist, das schnell zu Konflikten führen kann. Von daher hat es sich bewährt, schon beim Kick-off klare Spielregeln für die Zusammenarbeit der Teammitglieder zu erarbeiten und zu vereinbaren. Zu diesem Zweck empfiehlt es sich, Spielregeln zunächst einmal vorzuschlagen, gemeinsam zu diskutieren, Wünsche und Änderungsbedarfe aus der Diskussion zu integrieren, um abschließend zu fragen: Sind Sie mit diesen Spielregeln einverstanden?

Falls ja, dokumentieren alle Beteiligten durch ihre Unterschrift ihr Einverständnis – von der Geschäftsleitung über die einzelnen Führungskräfte bis hin zu den Mitgliedern des Projektteams. Auf diese Weise wird die Botschaft unterstrichen: „Es ist mir wichtig, diese Dinge einzuhalten!" Diese Spielregeln sind die Voraussetzung dafür, dass Sie in den Handlungsfeldern erfolgreich sein können.

Muster für Spielregeln

Regelkommunikation

- In Gesprächsrunden hat jedes Teammitglied das Recht, ausreden zu dürfen.
- Kritik soll in der Ich-Form ausgedrückt werden. Das Team darf kritisiert, aber nicht getadelt werden.
- Meinungsverschiedenheiten sind Informationsquelle – kein Störfaktor.
- Zuhören ist genauso wichtig wie Reden.
- Entscheidungen, Diskussions- und Arbeitsergebnisse müssen laufend festgehalten werden.
- Wir sind pünktlich.
- Wir sind vorbereitet.
- Handys bleiben ausgeschaltet.
- Es wird überprüft, ob die Regeln eingehalten werden.

Leistungsschnittstellenvereinbarung (LSV)

Wir stimmen die Standard-LSV für unsere Projektorganisation ab: „Wer hat für welche Aktivität den Hut auf?" (Die LSV werden wir in Kap. 4.6 näher erläutern.)

Allgemein gilt:

- Wir verpflichten uns zur Informationsbring- (oder -hol)pflicht. Informations*bring-pflicht* meint: Eine Aktivität endet mit einer Statusinformation („Fertig"), der Ablage der erzeugten Projektdokumente (Zeichnungen, FMEAs etc.), der Dokumentation zur Aktivität, ggf. mit Materialbereitstellung. Informations*holpflicht* meint: Beginnt ein Projektteam-Mitglied mit einer nachfolgenden neuen Aufgabe, muss es sich zunächst die aktuellsten Basisinformationen holen.
- Termine, die im Team vereinbart werden, müssen eingehalten werden.
- Aktivitäten müssen so schnell wie möglich abgearbeitet werden (siehe hierzu auch das Thema „Critical Chain Project Management in Kapitel 4.5).

Nun zeigt die Praxis allerdings, dass nichts so schnell wieder in der Schublade verschwinden kann wie getroffene Vereinbarungen. Oder dass sie „in Vergessenheit geraten". Aus diesem Grund sollten Sie die Spielregeln dringend via Audit überwachen und beispielsweise abfragen, ob die Regelkommunikation auch wirklich stattfindet, ob die LSV gültig ist und ob sie auch eingehalten wird usw.

Projektkommunikation: Informationsdefizite reduzieren

Kommunikation ist einer der wichtigsten Erfolgsfaktoren, um ein Projekt reibungslos und erfolgreich umzusetzen. Ohne Kommunikation läuft gar nichts. Kommunikation ist das „Schmiermittel" für ein gut funktionierendes Projekt.

„Erfahrene Projektleiter bezeichnen die Kommunikation als das wichtigste Instrument eines jeden Projektmanagements. … Die Art und Weise der Kommunikation entscheidet darüber, wie rasch und wie klar ein Projektleiter z.B. von befürchteten oder eingetretenen Störungen erfährt, nur durch Kommunikation erfährt der Projektleiter von Ideen zur Vereinfachung der Erreichung der Projektziele und anderen Verbesserungsmöglichkeiten." (Kessler, Winkelhofer S. 141)

Information und Kommunikation sorgen nicht nur für die nötige Motivation und Leistungsbereitschaft, ein positives Arbeitsklima und dafür, dass sich Mitarbeiter mit dem Projekt identifizieren – Information und Kommunikation sorgen auch dafür, dass Ihr Projekt auf Kurs bleibt. Dass Sie Ihre Ziele verfolgen können und den Projektfortschritt überwachen.

In time, in budget? Ohne Kommunikation kaum!

Fatalerweise werden gerade bei der Kommunikation die meisten Fehler gemacht – projekt-, abteilungs-, funktions-, hierarchie-, unternehmens- und branchenübergreifend.

Es ist völlig gleichgültig, wo man hinsieht: Überall finden sich dieselben Defizite, Probleme, Schwierigkeiten. Gerade in Projekten, egal welches „Label" sie tragen, wird häufig weder systematisch noch effizient noch regelmäßig kommuniziert – geschweige denn, dass Lieferanten und Kunden einbezogen würden. Was daraus resultiert, ist klar: Informationsdefizite, Missverständnisse, Pannen, Konflikte, Fehler und Kosten.

Anders gewendet: Probleme in der Projektarbeit sind häufig auf Defizite beim Informationsaustausch zwischen den Beteiligten zurückzuführen. Wichtig ist von daher ein sorgfältig geplanter und auch regelmäßig durchgeführter Informationsaustausch. Die Frage lautet also: Wie kommuniziert man am effizientesten? Ganz einfach: mit Hilfe der Regelkommunikation.

Regelkommunikation – konsequent und diszipliniert

Im Verlauf eines Anlaufprojektes sind zahlreiche Besprechungen nötig. Regelmäßige Projektsitzungen sollen Klarheit über den Projektstatus verschaffen. Kontinuierlich veranstaltete Besprechungen (beispielsweise im „War Room", siehe Seite 134) mit einer festen Agenda, einem Standardablauf verringern die Gefahr, unkoordiniert und ineffizient zu arbeiten.

Ein gutes, weil in der Praxis bewährtes Instrument ist die Regelkommunikation (RKM) – und zwar standardisiert und hierarchisch aufgebaut. RKM sollte möglichst immer an den gleichen Orten, zu den gleichen Zeiten und mit einer jeweils einheitlichen Zeitdauer in kurzfristigen Abständen erfolgen. Der Termin, zu dem die RKM stattfindet, ist für alle verbindlich. Als Regel gilt hier: jeder muss sich so organisieren, dass er an der RKM immer teilnehmen kann.

Anwesenheitspflicht besteht auch dann, wenn kein Thema ansteht oder ersichtlich ist, dass für den einen oder anderen Projektmitarbeiter der Termin von besonderer Bedeutung ist. Es ist gerade das Wesen der RKM, Projektleiter und alle Projektmitarbeiter „ohne bestimmten Anlass" immer wieder zusammenzubringen. Warum? Damit aus der wechselseitigen Information und Kommunikation frühzeitig möglicher Handlungs- und Entscheidungsbedarf erkannt und aktuelle Probleme als gemeinsame Aufgaben verstanden – und gelöst werden.

Regelkommunikation nach unserem Verständnis basiert auf Zahlen, Daten und Fakten und erleichtert die ZDF-basierten Gate-Durchsprachen (Termine, Qualität, Kosten).

Intensive, regelmäßige Kommunikation ist, auch wenn es gegenteilige Ansichten dazu gibt, keine verschenkte Zeit. Ganz im Gegenteil: Effiziente und zeitsparende Arbeitssitzungen tragen wesentlich zum Erfolg des Projektes bei. Oder haben Sie sich schon einmal gefragt, wie oft und/oder wie lange Sie telefoniert bzw. e-Mails geschrieben haben – und was Sie im Verhältnis hierzu in einer mindestens 50 % kürzeren RKM abgewickelt hätten? Es empfiehlt sich auch, dass die Regelkommunikation immer das gleiche Schema, eine Standard-Agenda aufweist (die natürlich auch leicht variiert werden kann). Wichtig zu erwähnen: es handelt sich um eine Statussitzung – und keine Fachsitzung:

- Standard-Themen (TOPs)
  - › Status EW
  - › Status EK
  - › Status Planung
  - › Status Änderungen
  - › LOP-Reviews
- Projektprobleme besprechen und Steuerungsmaßnahmen, -termine und -verantwortliche vereinbaren (LOP)
- Falls Themen offen bleiben: Handlungsbedarf ermitteln, fachliche Themen vertagen und sicherstellen, dass ein Termin vereinbart wurde
- Zum vereinbarten Zeitpunkt zum Ende kommen.

Sorgen Sie unbedingt für Transparenz im Projektgeschehen. Denn fehlt diese Transparenz, nimmt die Produktivität und die Motivation ab – und zwar rapide. Nehmen Sie Ihr Projektteam immer in den Verteiler von wichtigen, projektrelevanten Informationen auf. Und schaffen Sie einen regelmäßigen Austausch von Informationen über den Fortschritt des Projektes in gemeinsamen turnusmäßigen Meetings.

Bereiten Sie die Hintergründe und Ursachen für bestimmte Entscheidungen auf. Und zwar so, dass sie für Ihr Team nachvollziehbar und verständlich sind. Bringen Sie auftretende Probleme zur Sprache, und suchen Sie mit Ihrem Team nach Lösungen.

Informationstransparenz wird erreicht durch hohe Datenqualität und minimale Datenquantität. Lassen Sie der Informationsflut nicht freien Lauf, sondern konzentrieren Sie sich auf das Wesentliche.

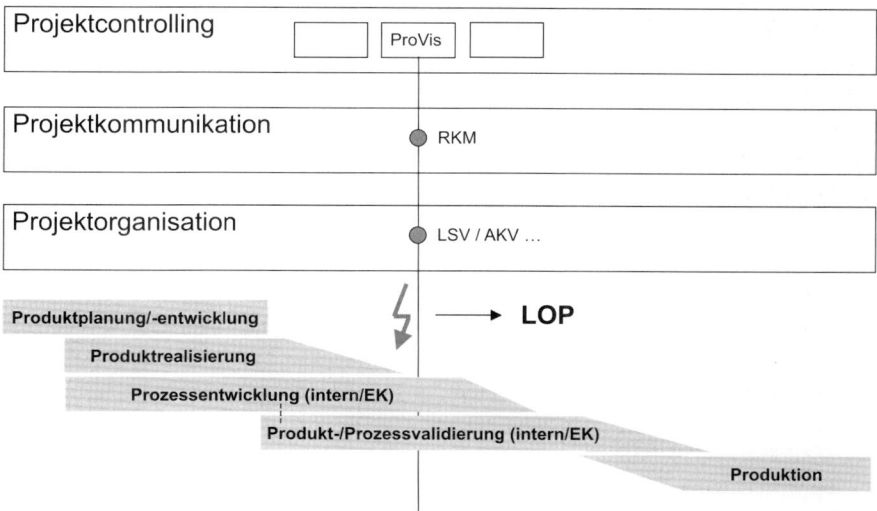

Abb. 27: Der QKT-Status

105

Wir rekapitulieren an dieser Stelle: Die drei elementaren Erfolgsfaktoren im Handlungsfeld Führungssystem sind Projektcontrolling-, -organisation und -kommunikation. Unsere Methode ProVis (siehe Kap. 4) hilft, zu bestimmten Zeitpunkten einen „Schnitt" durch das Projekt zu machen und den QKT-Status abzufragen: Wo stehen wir? Welche Maßnahmen müssen wir ergreifen? Sind alle Stati im grünen Bereich? Diesen Sachverhalt haben wir in Abbildung 27 dargestellt.

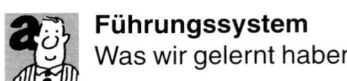

Führungssystem
Was wir gelernt haben

Lektion Nr. 1. Neben klaren Zielen benötigen Sie ein einfaches und effizientes Projektcontrolling – ein wesentlicher Erfolgsfaktor bei Anlaufprojekten.

- Legen Sie deshalb nur eine überschaubare Zahl an wesentlichen Parametern fest. Unverzichtbare Bestandteile des Projektcontrolling ist die Zeit-, Kosten- und Qualitätsplanung und -steuerung. Die gilt es zu überwachen. Das Stichwort lautet hier: ZDF.
- Diese Zahlen, Daten, Fakten müssen Sie übersichtlich darstellen. Schließlich wollen Sie keine Bürokratie installieren, deren Aufwand den Nutzen übersteigt. Hier ist die Methode ProVis eine gute Hilfestellung (siehe 4.2).

Lektion Nr. 2. Zur Projektorganisation (meist Matrix-) gäbe es viel zu sagen. Wir beschränken uns auf das Wesentliche. Legen Sie zur Lösung inhärenter Konflikte unbedingt Spielregeln, AKV und LSV fest und vereinbaren Sie eine Eskalationsregelung.

Lektion Nr. 3. Projektkommunikation / Regelkommunikation im Sinne von Status-Meetings muss konsequent geführt werden.

- Die Regelkommunikation muss von allen Beteiligten ernst genommen und konsequent eingefordert werden.
- Die Regelkommunikation muss durch Methoden gestützt werden (siehe Kapitel 4).

Erfolgsfaktoren des Störungsmanagements

- Frühzeitige Reaktionen
- Reporting
- Supply Chain Management
- Lerneffekte

Abb. 28: Erfolgsfaktoren des Störungsmanagements

Frühzeitige Reaktionen

Stellen Sie sich vor, Sie machen Ihre wöchentliche Regelkommunikation zum Status. Hier können Sie sich erstens die Q-, K-, und T-Zahlen ansehen und zweitens den Arbeitsfortschritt in den Meilensteinen der verschiedenen Unterprozesse kontrollieren (beispielsweise Teilebeschaffung, Betriebsmittelbeschaffung) oder den Entwicklungsfortschritt.

Ist der Kollege X aus dem Bereich Y im Plan (QKT)? Wenn Sie nun sehen, dass jemand von seinem geplanten Arbeitsergebnis abdriftet, können Sie korrigierend eingreifen. Dies lässt sich gut über Gate-Checklisten (Projektcontrolling) steuern.

Machen Sie das nicht und reagieren erst, wenn bereits relativ viel Zeit verstrichen ist (weil Sie keine Regelkommunikation haben oder weil diese Information Ihnen zu spät zugeht) – dann haben Sie das Problem, dass Sie zu spät reagieren und die verflossene Zeit nicht mehr aufholen können. Die meisten Projektschwierigkeiten sind auf „Unterlassungssünden" in frühen Projektphasen zurückzuführen.

Dies heißt, dass Sie bei allen Abweichungen sofort reagieren können (nämlich dann, wenn die Abweichung auftritt) – und nicht erst Monate später, wenn die Abweichung vielleicht bemerkt wird.

Reporting

Reporting meint: konsequentes und regelmäßiges Reporting – nicht sporadisch, nicht unregelmäßig, nicht wechselhaft. Beim Reporting geht es um Termine, Kosten, Qualität und um die Stati des Projektes („Status" meint die Erfüllung der Meilensteinvorgaben.) Dabei wird das Top-Management einbezogen (was über den Lenkungsausschuss sichergestellt ist). Ein wichtiger Punkt aus unserer Sicht. Denn häufig ist das Top-Management erst dann involviert, wenn es um Troubleshooting geht. Das ist zwar schön – aber zu spät. Das Top-Management gehört während der gesamten Projektlaufzeit informiert. Denn wenn es um Brandbekämpfung geht, ist das Kind meist schon in den Brunnen gefallen. Und die Erfahrung zeigt außerdem, dass dann meist nichts mehr zu beeinflussen, geschweige denn zu retten ist. Beim Troubleshooting erfolgt i.d.R. nur Schadensbegrenzung.

Reporting beinhaltet auch stringente Dokumentation. (Sie sehen: Das Thema „Dokumentation" hat viele Facetten und lässt uns nicht los – dafür ist es auch viel zu wichtig).

Es gibt ein interessantes Phänomen in der täglichen Praxis. Wenn Sie sich das Aufmerksamkeitsprofil in der folgenden Abbildung ansehen, werden Sie feststellen, dass der Planungs- und Realisierungsphase nur ganz geringe Aufmerksamkeit gilt – und erst kurz vor dem Abschluss wieder steigt. (Dann sind die Kosten allerdings nicht mehr zu beeinflussen – siehe das folgende Bild.)

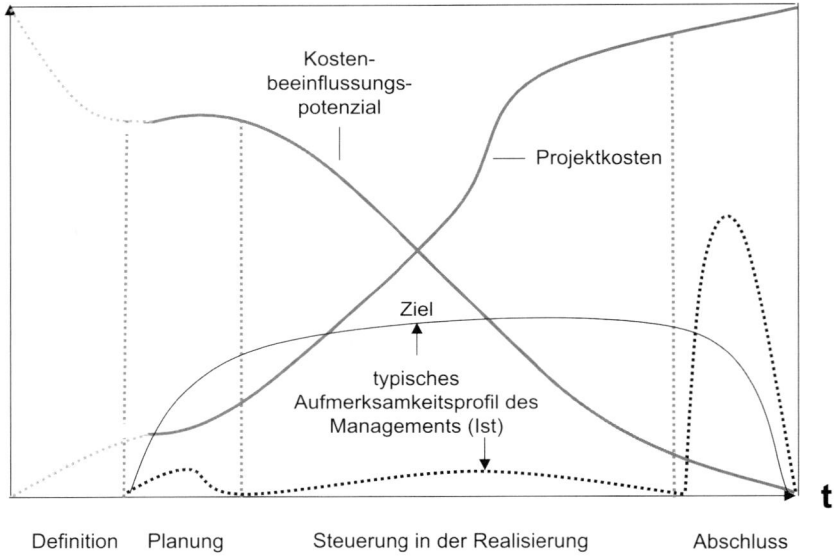

Abb. 29: Das Aufmerksamkeitsprofil

Supply Chain Management

„Einsam sind die Tapferen" – angesichts der turbulenten Verhältnisse auf allen Märkten muss diese Einzelkämpfermentalität, die ausschließliche Fokussierung auf die eigene Stärke, überwunden werden.

Das große Sorgenkind in vielen Unternehmen ist heute die Logistik. Wenn man dort die Produktivität analysiert, ist nicht das Bewegen von Gütern das Problem, sondern das Bewegen von Informationen. SCM hat als interdisziplinärer Gestaltungsansatz, um die Wettbewerbsfähigkeit zu sichern und zu verbessern, in jüngster Vergangenheit eine zentrale Bedeutung gewonnen.

Unternehmensnetzwerke sind derzeit die am meisten diskutierte Form industrieller Wertschöpfung. Netzwerke sind dabei zwar nichts grundsätzlich Neues, da Wertschöpfung fast immer vernetzt stattfindet. Sie werden seit einiger Zeit jedoch mit einem anderen Verständnis gestaltet und betrieben. Die Hauptzielrichtung: die gemeinsame Optimierung von Wertschöpfungsprozessen über die Unternehmensgrenzen hinweg.

Lerneffekte nutzen

Beim Thema „Wissensmanagement" gibt es viel verbrannte Erde. Dessen sind wir uns bewusst. Dennoch kennen wir derzeit keinen besseren etablierten Begriff. Bei jedem Serienanlauf wird gelernt (hoffentlich) – häufig allerdings nicht gezielt, nicht systematisch. Die Lernkurve bleibt flach. Beim neuen Anlauf tauchen Fehler auf, die schon einmal gemacht worden sind etc. Sie kennen dieses Problem aus anderen Bereichen.

Um das wertvolle Know-how aus alten Anläufen aktiv zu nutzen, setzen wir Projekt-FMEAs ein. „Wissensmanagement im Anlauf" bedeutet deshalb in erster Linie, aus früheren Anläufen zu lernen, um den nächsten Anlauf schneller und besser durchführen zu können. Denn dieser Anlauf kommt bestimmt.

Gelerntes sollten Sie unbedingt ins Top-Management zurückspielen und systematisch dokumentieren. Denn kurz gesagt: auch Standards bedeuten Wissen (um Methoden, Prozesse, Produkte), und kontinuierliche Änderung bzw. Anpassung des Standards aus Erfahrungen bedeutet Lernen.

Störungsmanagement
Was wir gelernt haben

Lektion Nr. 1. Anlaufstörungen sollten in ihrer Auswirkung nicht unterbewertet werden. Meist sind es sehr frühe Versäumnisse, die spät im Projekt zu Problemen führen:

- Bestimmte Dinge falsch einzuschätzen, nicht richtig zu bewerten oder eben unterzubewerten („So schlimm wird es schon nicht kommen"), ist gefährlich. Dieses „Studentensyndrom" behandeln wir in Kapitel 4 bei der Methode „Critical Chain Project Management".
- Anlaufstörungen müssen über Meilenstein-Checklisten erkannt und behoben werden.
- Störungsmanagement sollte nicht heißen „Task-Force-Einsatz um einen SOP herum". Störungen frühzeitig zu erkennen, zu kommunizieren und zu beseitigen ist das A und O – auch und gerade im Anlaufmanagement. Und zu Störungen kommt es, da können Sie sicher sein, weil Sie nie alle Eventualitäten berücksichtigen bzw. planen können. Das Motto lautet hier: „Je besser man plant – desto härter trifft einen der Zufall!"

Lektion Nr. 2. In Anlaufprojekten ist ein konsequentes Reporting und eine systematische Dokumentation nötig: über Termine, Kosten und Qualität und über die

Projekt-Stati. Dabei muss auch das Top-Management einbezogen werden – nicht nur im Falle eines Troubleshootings. Retter sind out, da zu teuer – „Vorbeuger" sind in.

Lektion 3. Verfolgen Sie ein effizientes und konsequentes Lieferantenmanagement mit echten SQAs, Gate-Audits und der entsprechenden Dokumentation.

Lektion 4. Lernen Sie aus Störungen und spielen Sie Ihre Erfahrungen nicht nur ins Top-Management zurück, sondern auch und gerade in die Organisation – in dokumentierter Form. Hierbei helfen Projekt-FMEAs.

Erfolgsfaktoren des Lieferantenmanagements

- Indikatoren Serienperformance
- Erfahrungen aus früheren Anläufen
- Lieferantenprozesse
- Lieferantenpartnerschaften

Abb. 30: Erfolgsfaktoren des Lieferantenmanagements

Indikatoren Serienperformance

Sie kennen die Situation: Sie haben einen Lieferanten, der Ihnen ein Teil (oder auch mehrere Teile) liefert. Viele Unternehmen werten die Serienperformance ihrer Lieferanten aus. Beispielsweise wird verfolgt, ob der Lieferant termin- bzw. mengentreu liefert. Und es gibt auch einen Performance-Indikator bezüglich der Qualität: Wie viele ppm (parts per million) hatten einen Fehler und waren beanstandungswürdig? Alle Indikatoren zusammengenommen ermöglichen eine Auswertung über die Performance des Lieferanten im laufenden Geschäft.

So weit, so gut.

Damit lassen sich allerdings noch keine Aussagen darüber machen, wie der Lieferant im Anlaufmanagement aufgestellt ist. Hat er das richtige Projektmanagement? Wie gut ist er in der Abarbeitung von Themen? Wenn Unternehmen sich nur darauf verlassen, dass ein Lieferant aktuell gut liefert und deshalb mit ihm ein neues Teil machen, das einige technologische Neuerungen oder Raffinessen anderer Art beinhaltet, die er bisher noch nicht geliefert hat – dann macht die Serienperformance-Aussage keinen Sinn mehr. Denn vielleicht ist der Lieferant nicht in der Lage, dieses neue Thema (rechtzeitig) zu lösen. (Unternehmen könnten auch Vergangenheitsdaten heranziehen, indem sie fragen: „Wie hat Lieferant XY ein Projekt bereits mit uns abgewickelt?" Diese Daten, so unsere Erfahrung, gibt es jedoch in der Regel nicht.)

Selbstverständlich macht es durchaus Sinn, einen Lieferanten in die engere Auswahl zu nehmen, der über eine gute Serienperformance verfügt. Aber auch hier ist es empfehlenswert, sich im Vorfeld davon zu überzeugen, ob er entsprechend aufgestellt ist, dass er ein Anlaufprojekt abwickeln kann.

Erfahrungen aus früheren Anläufen

Bei jedem Anlaufprojekt werden Fehler gemacht. Und der Volksmund sagt, aus Erfahrung wird man klug. Hoffentlich. Aber es müssen nicht nur Fehler sein, die gemacht worden sind. Denn Anlaufprojekte sind äußerst komplexe Projekte. In dieser Zeit kommen häufig neue Mitarbeiter hinzu – oder wichtige Wissensträger verlassen das Unternehmen. Was passiert dann in der Abschlussphase? Sind die Stationen ausreichend und durchgehend dokumentiert? Ist das Know-how nachvollziehbar?

Fehlanzeige! Denn leider ist es häufig nicht so, dass jeder Mitarbeiter, jeder neue Anlaufmanager jederzeit auf „Erfahrung" aus früheren Anlaufprojekten zugreifen kann. Denn Erfahrung ist häufig nur in den Köpfen der Kollegen, der Chefs vorhanden, also nur implizit verfügbar.

Das Versickern von Wissen verhindern

Damit aber aus früheren Anläufen gelernt werden kann, müssen die Aussagen explizit gemacht werden – und zwar möglichst detailliert. Mit pauschalen Aussagen wie „Wir konnten den Termin nicht halten" oder „Die Kosten sind aus dem Ruder gelaufen" ist niemandem gedient – weder Ihrem Unternehmen noch Ihrem Lieferanten, der in das Projekt integriert war.

Erfahrungswissen muss dokumentiert werden. Und nicht nur das. Es muss auch sinnvoll geordnet und einfach abrufbar sein. Dafür gibt es zwei nützliche Instrumente:

- Wir empfehlen dringend, einen Lessons Learned Workshop durchzuführen – am besten relativ zeitnah beim Projektabschluss.
- Denn dieser Workshops „speist" die Projekt-FMEA.

Beide Methoden beschreiben wir ausführlicher in Kapitel 4.

Lieferantenprozesse

Begleiten Sie die Produktionsprozessentwicklung Ihrer Lieferanten wie Ihre eigene Prozessentwicklung. Denn Unternehmen begeben sich jeden Tag in Abhängigkeit – Versorgungssicherheit ist das oberste Gebot. Von daher sind sicherlich nicht nur regelmäßige Besuche bei den Lieferanten obligatorisch, es müssen auch systematisch die Prozesse,

Anlagen und Ergebnisse beurteilt werden. Stichworte in diesem Zusammenhang sind: Audits (T, Q, Performance), Meilensteindurchsprachen, LOP-Dokumentation und LOP-Review.

Lieferantenpartnerschaften

Beim Thema Supply Chain Management von „Partnerschaft" zu sprechen, mag ein gewagtes Unterfangen sein. Denn Vieles, was als so genannte „Partnerschaft" verkauft wird, ist nichts anderes als der verkappte Versuch, die Oberhoheit über die Wertschöpfungskette zu erlangen (und damit auch die Kontrolle über die Sublieferanten).

Dies meinen wir ausdrücklich nicht, wenn wir von Lieferantenpartnerschaften sprechen. Partnerschaft basiert auf Rechten und Pflichten. Und sie basiert vor allem auf gegenseitigem Vertrauen.

Zu den Rechten zählt, beim Sublieferanten Audits durchzuführen, um Termine und Qualität, aber auch die Performance zu überprüfen. Zu den Pflichten zählen Gate-Durchsprachen (u.a. zum Thema Termin und Qualität). Hierzu gehört aber auch das Review und die Dokumentation der „Liste offener Punkte" (LOP). Zum Thema Lieferantenpartnerschaft gehört unserer Ansicht nach auch, die Zulieferer mit ihren Erfahrungen frühzeitig in Entwicklung und Produktionsplanung einzubinden. Nicht nur, um stabile Prozesse zu gewährleisten, sondern um Prozesse gemeinsam auch zu verbessern. Das Stichwort lautet „optimierte Kapazitätsplanung" (siehe das folgende Beispiel).

 Steilster Serienanlauf einer Baureihe der Marke Mercedes-Benz „DaimlerChrysler übergibt heute im Kundencenter des Werkes Sindelfingen die 100.000ste Mercedes-Benz E-Klasse der Baureihe W 211, einen E 320 in der Farbe Brillantsilber. ‚Mit dem steilsten Serienanlauf, den es je bei einer Mercedes-Benz Baureihe gab, haben wir die Voraussetzung dafür geschaffen, dass wir heute bereits die 100.000ste E-Klasse in Kundenhand geben können', so Werkleiter Hans-Heinrich Weingarten während der Fahrzeugübergabe. ‚Das ist ein Erfolg, auf den wir hier in Sindelfingen besonders stolz sind.' Die 100.000ste Mercedes-Benz E-Klasse, die bereits rund sechs Monate nach dem ‚Job Number One' vom Band gelaufen ist, markiert eine neue Bestmarke in der Produktion. Innerhalb von nur dreieinhalb Monaten hat das Unternehmen Anfang des Jahres die Produktion auf die maximale Kapazität von rund 1.000 Fahrzeugen am Tag hochgefahren. …

‚Die aktuellen Herausforderungen in der Automobilentwicklung sind, bei reduzierten Entwicklungszeiten und Entwicklungskosten eine erhöhte Innovationsausbeute und einen hohen Reifegrad zu gewährleisten,' erklärt Dr. Hans-Joachim Schöpf, Mitglied des Geschäftsfeldvorstands Mercedes-Benz Pkw und smart, Entwicklung Mercedes-Benz Pkw. ‚Mit der E-Klasse haben wir diese Herausforderungen durch die konsequente Anwendung der Prozesse unseres Mercedes-Benz Development Sytems (MDS) erfolgreich bewältigt und dieses Modell in nur 48 Monaten von der Verabschiedung des Lastenhefts bis zum Job Number One entwickelt', so Schöpf. …

Die … enge und frühzeitige Verzahnung von Fertigung, Produktionsplanung und Entwicklung waren wesentliche Voraussetzungen dafür, innerhalb von dreieinhalb Monaten die Kammlinie in der Produktion der E-Klasse zu erreichen. Zulieferer werden frühzeitig in Entwicklung und Produktionsplanung eingebunden, um auch bei den Lieferanten stabile Prozesse zu gewährleisten. Bereits in der Nullserie hat die Produktionsplanung die ersten Fahrzeuge unter Serienbedingungen zusammen mit dem Produktionswerk aufgebaut. ‚Ein Planer sollte nicht nur auf dem Papier planen, er ist auch für seine Technik verantwortlich, und die muss sich im Anlauf bewähren‘, sagt Prof. Dr. Eberhard Haller, Leiter Produktionsplanung Mercedes-Benz Pkw. Im Vergleich zum Vorgänger-modell werden die Fahrzeuge der E-Klasse trotz der deutlich gestiegenen Serien-ausstattung in einer um 20 Prozent kürzeren Zeit produziert."

(Quelle: http://www.motor-talk.de/t26388/s/thread.html)

Kurz vor Drucklegung dieses Buches haben wie aus den Medien erfahren, wie schnell sich das Blatt wenden kann. Gestatten Sie uns aus diesem Grund diese kurze Randbemerkung zur größten Rückrufaktion in der Geschichte von Mercedes-Benz im März 2004.

In Zahlen gesprochen ging es um 1,3 Mio. Fahrzeuge, die weltweit zur Überprüfung von Elektronik und Bremsen in die Werkstatt mussten – dies ist mehr als die gesamte Jahresproduktion. Der Grund: massive Qualitätsprobleme.

Dieser Fall zeigt in besonders dramatischer Weise, dass das Thema Anlaufmanage-ment an seiner Aktualität nicht das Geringste eingebüßt hat.

 Lieferantenmanagement
Was wir gelernt haben

Lektion Nr. 1. Serienperformance darf nicht als alleiniger Indikator dienen. Dies ist nur Gewissensberuhigung.

Lektion Nr. 2. Erfahrungen aus früheren Anläufen sind dann interessant, wenn alle Partner etwas aus den Fehlern gelernt haben.

- Machen Sie die Aussagen möglichst detailliert. Aussagen pauschaler Art nützen niemandem.
- Dokumentieren Sie Ihre Erfahrungen und die Ihres Projektteams (z.B. in Form einer Projekt-FMEA, siehe Kapitel 4).
- Führen Sie Lessons Learned Workshops durch.

Lektion Nr. 3. Lieferantenprozesse müssen konsequent begleitet werden. Die Voraussetzungen hierfür sind allerdings…

- …echte Supplier Quality Assurances (SQAs) mit ausreichender Kapazität. Lieferanten müssen während einer Hochlaufphase betreut und entwickelt werden.
- …durchgängige, umfassende Gate-Checks (Qualität, Terminlage und Per-formance).

Lektion Nr. 4. Bei den Lieferantenpartnerschaften sollte es zu langfristigen Zusammenarbeiten kommen. Lieferanten müssen in einen gemeinsamen Anlauf-prozess integriert werden.

Erfolgsfaktoren der Unterstützungsprozesse

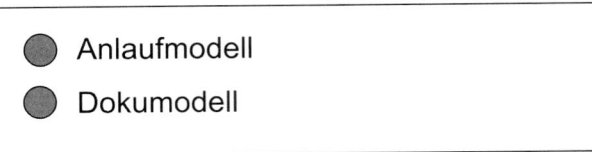

Abb. 31: Erfolgsfaktoren der Unterstützungsprozesse

Anlaufmodell

Der Begriff „Anlaufmodell" meint, dass in Ihrem Unternehmen ein Standard-Workflow existiert, dass es einen Standard-Projektphasenplan gibt, dass die Gates definiert und Checklistengestützt sind.

Der Einsatz von Entscheidungspunkten – neuhochdeutsch Gates – ist wichtig. Für diese Kontrollstellen existieren noch andere Bezeichnungen (die hauptsächlich aus dem Projektmanagement stammen): Meilenstein, Freigabe, Checkpoint, Entscheidungs-Meilenstein, Projektüberprüfung.

Meilensteine sind Bestandteil des klassischen Projektmanagements. Projektmeilensteine sind dann für die Ergebniskontrolle von Nutzen, wenn sie so definiert werden, dass sie jeweils ein prüfbares Endprodukt umfassen. Meilensteine helfen bei sehr komplexen Projekten mit umfangreichen Ablaufstrukturen, den Netzplan auf mehrere Meilensteine zu verdichten. Die Betonung liegt vor allem auf der Zeit- und Kostenüberwachung. Wesentliche Meilensteine sind Projektstart, Konzeptfreigabe, Funktionsfreigabe, Planungsfreigabe, Beschaffungsfreigabe, Erstbemusterung, Prozessfreigabe.

> ... Heute sollte Meilensteinsitzung sein. Beginn: 9.30 Uhr. Ich war der erste. 9.45 Uhr kam Kollege Meyer. Dann kam lange niemand. Wir haben bis 10.00 Uhr gewartet, dann zwei Telefonate geführt – um zu erfahren, dass sich drei „entschuldigt" hatten, zwei auch um 10.15 Uhr noch unentschuldigt fehlten, wohl frei nach dem Motto: „Stell dir vor, es ist Meilensteinsitzung – und keiner geht hin!"

Im Zuge der virtuellen Produktentwicklung führen manche Unternehmen mittlerweile zu projektbezogenen Meilensteinen auch ein Digital Review durch. Dazu sind die Daten in der erforderlichen Datenreife und definierten Qualität (Struktur) in einer digitalen Referenz meilensteinbezogen zu hinterlegen.

Quality Gates (auch Synchropunkte oder Convergent Point genannt) sind ergebnis-orientierte Entscheidungspunkte, die inhaltlich sowohl technische als auch betriebswirt-schaftliche und managementorientierte Leistungsvereinbarungen beinhalten und diese abprüfen. Ihr Schwerpunkt liegt allgemein auf dem Messen der Zielerreichung. Fauth (1999) definiert Quality Gates als „Kommunikationspunkte, an denen die Leistungs-erwartungen der Kunden und die Leistungsfähigkeit des Lieferanten synchronisiert werden" (S. 756). Sie beinhalten sowohl eine vergangenheitsorientierte, controlling-orientierte Sichtweise in Form von Reviews als auch eine Abschätzung der zukünftigen Prozesse.

Quality Gate-Vereinbarungen stellen eine besondere Form der Leistungsvereinbarung dar. Hier werden die Spielregeln bzw. die Qualitätsanforderungen entlang der Schnitt-stellen im Herstellprozess beschrieben. An einem Quality Gate findet die Abstimmung zwischen internen bzw. externen Kunden und den Lieferanten statt. Anhand definierter Beurteilungskriterien werden die Qualitätsgrößen an allen Schnittstellen entlang des gesamten Prozesses beschrieben, um bei Toleranzüberschreitungen Gegenmaßnahmen einzuleiten.

 Das Konzept der Quality Gates bietet die Möglichkeit, aufgrund transparenter Be-wertungen von Leistungen, die im Projektteam erbracht werden, nachvollziehbare Entscheidungen über die Fortführung des Prozesses zu treffen.

Dokumodell

Mitarbeiter in Anlaufprozessen verbringen ca. 30 % ihrer Arbeitszeit damit, Dokumen-tationen und Informationen zu beschaffen (Quelle: Automobilproduktion 2001). Die Fragen lauten dann häufig: Wo ist eigentlich das Pflichtenheft abgespeichert? Wo ist die aktualisierte Meilensteinplanung? Wann kam denn die Änderung Nr. 0025 des Kunden und wo ist sie zu finden?

Aber es muss auch gesagt werden: Dokumentationen werden leicht zum Zeitkiller – nicht alleine wegen des Umfanges einzelner Dokumente, sondern auch aufgrund der Anzahl. Es gibt beispielsweise Zulieferer, die mehr als 80.000 individuell erstellte Excel-Sheets im Rahmen eines Anlaufprojektes zu handeln haben. Dies ist eine gewaltige Summe. Diese Dokumente wollen gepflegt sein. Und schnell aufgefunden. Sie kennen den Kommentar sicherlich: „Wissensmanagement ist ‚Wissen, wo (etwas abgelegt ist)'."

Deshalb wollen wir ausdrücklich betonen: Zu einem erfolgreichen Projektmanage-ment gehört auch eine systematische, standardisierte Ablage von weitestgehend standar-disierten Dokumenten aller Art – und dies möglichst redundanzfrei.

Diese Standardisierung ermöglicht den schnellen Zugriff auf Dokumente. Egal ob auf der Festplatte, einem Datenträger oder im Ordner, das Ablagesystem bleibt das gleiche. Deshalb sollte man sich zu Beginn eines Projektes lieber etwas mehr Zeit nehmen und festlegen, wie Sie was in welcher Form ablegen.

Bevor Sie sich um komplizierte EDV-Systeme oder Module Gedanken machen, empfehlen wir Ihnen, sich erst einmal eine einfache „Handlösung" zu erarbeiten, die gelebt wird. Der Schritt in Richtung einer einfachen, unterstützenden IT ist dann leicht. (Und diese IT-Lösung orientiert sich dann an Ihrem Prozess – und nicht umgekehrt!)

Unterstützungsprozesse
Was wir gelernt haben

Lektion Nr. 1. Definieren Sie den Anlaufprozess als Standardprozess. Und nicht nur das:

- Der Anlaufprozess muss konsequent gelebt werden.
- Und der Ablauf muss konsequent überwacht, bei Bedarf muss gegengesteuert werden.

Lektion Nr. 2. Projektmanagement nach „Critical Path" hat ausgedient. Ein geeignetes CCPM ist wichtig und sinnvoll.

- Wer am lautesten schreit, darf nicht entsprechende Ressourcen bekommen – die an anderer Stelle fehlen.
- Engpassressourcen müssen gesteuert werden.

Lektion Nr. 3. Dokumentationen sollen den Prozess unterstützen – und nicht Zeitkiller im Prozess sein.

- Dazu ist es erforderlich, dass die Ablagestrukturen standardisiert sind – um Redundanzen und einen daraus resultierenden hohen Suchaufwand zu vermeiden.
- Sinn und Zweck der Dokumentationen müssen den Mitarbeitern deutlich gemacht werden (siehe Kapitel 4 zum Thema FMEA, Seite 151).

Kapitel 4
Anläufe sicher managen – Ausgewählte Methoden

Sicher ans Ziel
Bewährte Methoden in der Praxis

Insgesamt ist bis hierher hoffentlich deutlich geworden, dass die Komplexität von Anlaufprozessen in Organisationen nicht einfach reduziert oder umgangen werden sollte. Sie muss bewältigt, genauer gesagt: besser verstanden werden, damit man ihr mit adäquaten gestalterischen sowie lenkungs- und entwicklungsorientierten Strategien und Instrumenten begegnen kann.

Wie wir die Methoden ausgewählt haben
In diesem Kapitel wollen wir Ihnen Methoden vorstellen – Methoden, die besondere Beachtung verdienen, weil sie entweder

- bereits eine breite Anwendung finden, aber nun themenspezifisch und pointiert eingesetzt werden (Beispiel FMEA),
- einfach und pragmatisch anzuwenden sind, ohne viel Theorie studieren zu müssen,
- neuartig sind,
- besonders wirkungsvoll sind oder
- ohne großen Aufwand eingesetzt werden können.

Dabei geht es einerseits um den Einsatz konzeptioneller, planender und steuernder Methoden auf Projektebene, andererseits aber auch um ein organisatorisches Instrumentarium. Sicherlich gäbe es noch mehr interessante Methoden, deren Einsatz in der Großindustrie ihre Berechtigung haben mag, wo es Stäbe und die nötigen Ressourcen gibt. Diese gibt es im Mittelstand nicht. Komplexität kann zum Selbstzweck werden. Dies zu vermeiden war unser Anliegen.

Das Wort Methode kommt aus dem Griechischen, métodos, und meint „den Weg zu einem Ziel". Denn ohne uns in Begriffsbestimmungen zu verwickeln, nennen wir der Einfachheit halber alles Methode, was in anderen Büchern auch Instrument, Verfahren, Vorgehensweise, manchmal auch Tool heißt.

Zwei Szenarien
Und damit Sie die Methoden sinnvoll einsetzen können, haben wir uns plakativ für zwei Szenarien entschieden:

Szenario 1 geht von einer Idealsituation (Best Case) aus, quasi der Planung auf der grünen Wiese – dargestellt an der linearen Zahlenabfolge 1 bis 11. In der folgenden Abbildung liefern wir Ihnen, wenn Sie so wollen, einen Fahrplan, an den Sie sich jedoch nicht sklavisch halten müssen. Betrachten Sie ihn mehr als einen Vorschlag.

Leider ist das richtige Leben auch in Unternehmen häufig ein anderes. Deshalb stellen wir in Szenario 2 den Worst-Case daneben. Meint: hier geht es um Troubleshooting, um Brandbekämpfung. Aus diesem Grund werden Sie nicht mit der Methode 1 (Audits) beginnen, sondern mit Methode 10, dem Lessons Learned Workshop (siehe Abb. 1).

Szenario 1: Best Case-Reihenfolge	Szenario 2: Worst Case-Reihenfolge
1. Audits	10. Lessons Learned-Workshop
2. ProVis	11. Reifegrad-Controlling
3. RKM	2. ProVis (problemspezifisch)
4. LOP	3. RKM - " " -
5. CCPM	4. LOP - " " -
6. LSV	6. LSV - " " -
7. Eskalationsstrategie	7. Eskalationsstrategie
8. FMEA	1. Audits
9. Projektdokumentation	2. ProVis ⎫ wie bei
10. Lessons Learned-Workshop	3. RKM ⎬ Best Case
11. Reifegrad-Controlling	4. ... ⎭

Abb. 1: Best- und Worst Case – Reihenfolge des Methodeneinsatzes

Vorteile von Methoden

- Emotionale oder intuitiv begründete Entscheidungen werden objektiv nachvollziehbar gemacht.
- Planungs-, Steuerungs- und Kontrollprozesse werden transparent(er) gemacht.
- Abläufe werden standardisiert und effizient.
- Methoden sensibilisieren und motivieren.
- Bewährte und vorhandene Methoden benutzen ist einfacher als aufwändig neue Methoden erfinden.

Wie Sie erfolgreich mit den Methoden arbeiten: Fünf Tipps

Wer mit neuen Methoden arbeiten möchte, muss häufig Widerstände überwinden. Bei sich selber – aber auch bei den Kollegen. Sie kennen sicherlich die Standard-Antworten der Bedenkenträger. „Das haben wir noch nie so gemacht!", „Wie soll denn das gehen?", „Und was, wenn es schief geht?"

Das beste Mittel, Widerstände zu überwinden, ist der Erfolg. Ihre beste Wirkung entfalten Methoden dann, wenn sie nicht „orthodox", „nach Schema F" abgespult werden, sondern so, wie es zu Ihnen bzw. der Situation Ihres Unternehmens passt. Aus diesem Grund haben wir eine Reihe von Tipps für Sie zusammengestellt.

Tipp Nr. 1
Stellen Sie die geeigneten Methoden zusammen.

In welchem Szenario befinden Sie sich? Können Sie vom Best Case ausgehen – oder handelt es sich viel eher um Troubleshooting? Planen Sie deshalb zunächst einmal, wohin die Reise gehen soll und in welcher Reihenfolge Sie arbeiten möchten.

Tipp Nr. 2

Methoden gibt es nicht von der Stange.

Sie müssen eine Methode an Ihre Bedürfnisse anpassen. Was Ihnen nichts nützt, werfen Sie raus. Pragmatismus ist angesagt. Denken Sie beispielsweise an einen Fragebogen mit einer Fülle von Fragen und einer noch größeren Fülle von Antworten. Was macht man eigentlich mit so einem „Ergebnis", bei dem man manchmal den Wald vor lauter Bäumen nicht sieht? Da ist es einfacher, sich auf die wirklich erfolgversprechenden Parameter zu konzentrieren. Alles andere taugt für's Lehrbuch.

Tipp Nr. 3

Gestehen Sie sich und den anderen zu, im Umgang mit Methoden auch lernen zu dürfen – sprich: Fehler zu machen.

Es ist noch kein Meister von Himmel gefallen. Wer regelmäßig Sport macht, wer trainiert, weiß, wovon wir reden. Trainieren ist ein hartes Stück Arbeit. Das gilt auch für die Anwendung von Methoden – weil sie unter Umständen in ein paar Schleifen angepasst und „feingetuned" werden müssen.

Tipp Nr. 4

Eine Entscheidung ist besser als keine Entscheidung.

Fangen Sie einfach mit einigen wenigen Methoden an. 80% umgesetzt ist besser als 100% geplant.

Tipp Nr. 4

Kapieren statt kopieren.

Wir möchten ausdrücklich davor warnen, die Methoden, die wir Ihnen hier präsentieren, einfach zu kopieren. Wir empfehlen als erstes, an den Stellen, die Sie nicht verstehen, Fragen anzumerken. Denn es gilt: Verständnis geht der Anwendung voraus.

Tipp Nr. 5

Lassen Sie sich von Profis helfen.

Sie werden häufiger vor der Frage stehen, ob Sie sich Kompetenz oder Kapazität einkaufen. Beides ist legitim. Wenn Sie an einen Berater denken, dann sollten Sie allerdings genau wissen, *warum* und *wofür* Sie ihn benötigen – und welcher Berater in Betracht kommt. Es ist aber auch nicht verpönt, alleine mit den Methoden zu arbeiten (sonst gäbe es dieses Fachbuch nicht).

Nach diesem kurzen „Vorspann" wollen wir uns nun den einzelnen Methoden zuwenden. Wir verstehen sie als tägliche Gebrauchsanleitung für eine praxisorientierte Unterstützung in Anlaufprojekten, wenn Sie

- ein Anlaufprojekt völlig neu angehen müssen und (noch) nicht über die nötige Erfahrung verfügen,
- vielleicht nach mehr als nur Impulsen suchen, um Anlaufprozesse neu zu gestalten – nämlich konkreter Unterstützung bei bestimmten Problemstellungen bzw. Zielsetzungen
- schon über Know-how verfügen, dieses aber erweitern wollen.

In diesem Sinne beschreiben wir nun ausgewählte Methoden, die sich auf Ihre tägliche Arbeit auswirken sollen – nämlich zeit- und kostensparend.

Methoden	Organisation	Anlaufstrategie	Führungs-system	Störungs-management	Lieferanten-management	Unterstützungs-prozesse
1. Audits	+	+	+	+	+	+
2. ProVis	+	+	+++	+++	++	++
3. RKM	++	++	+++	+++	+++	+
4. LOP	++	+	++	+++	+++	++
5. CCPM	+++	++	+++	++	+++	++
6. LSV	+++	+	+	++	+	+++
7. Eskalationsstrategie	++	+	+++	+++	+++	+
8. FMEA	+	++	++	+++	+++	++
9. Projektdokumentation	++	+	+++	+++	+++	+++
10. LL-Workshop	+	+	+	+	+	+
11. Reifegrad-Controlling	+	+	+++	+++	+++	+

Abb. 2: Einfluss der Methoden auf die einzelnen Handlungsfelder

Legende: +++ sehr starker Einfluss, ++ starker Einfluss, + geringerer Einfluss

4.1 Audits
Eine Standortbestimmung machen

Der Begriff Audit stammt aus dem Lateinischen (audire = hören), wurde aus dem Englischen übernommen und bedeutet „Prüfung oder Revision". Unter Audit versteht man die systematische Untersuchung, um das Vorhandensein und die sachgerechte Anwendung spezifischer Anforderungen beurteilen und dokumentieren zu können. Die entsprechende DIN-Definition lautet: „Audit ist die Beurteilung der Wirksamkeit des Qualitätsmanagementsystems oder seiner Elemente." Audits sind also Instrumente, mit denen man zu einem bewertenden Bild über die Wirksamkeit und Problemangemessenheit qualitätssichernder Aktivitäten kommen kann.

Das Audit verwenden wir als eine Methode, um ein installiertes Anlaufmanagement-System zu überwachen. Systeme neigen nämlich dazu, ohne „Überwachung" (in Form von Audits) wieder in meist ungewünschte, alte Zustände „zurückzuschnappen". Die Folge: Sie haben dort dann wieder einen Großteil der alten Probleme.

Wir stellen häufig fest, dass es in Unternehmen eine Diskrepanz gibt zwischen dem, was dokumentiert ist – und dem, was gelebt wird. Beispielsweise gibt es in dem Unternehmen XY ein hervorragendes Prozesshandbuch, in dem ablauforganisatorische Details, auch Methoden und Vorgehensweisen beschrieben sind – aber die Mitarbeiter halten sich nicht daran. Sie „leben" es nicht. Oder künftige Neuprojektierungen sind bereits formal sehr gut beschrieben, werden jedoch nicht oder nur begrenzt gelebt bzw. umgesetzt.

Audits sind nach unserem Verständnis eine Art Eingangs-Check: ein Instrument, um eine strukturierte Standortbestimmung zu machen; um Antworten auf die Frage zu liefern: „Wo stehen wir eigentlich mit dem betrachteten Anlaufmanagement-System? Welche Methoden setzen wir ein? Wie sehen die Abläufe aus? Wie die Organisation? Wie sind die Prozesse definiert?"

Audits sind aber auch eine Methode, um Veränderungen zu überwachen (häufig im Rahmen des sicherlich bekannten PDCA-Zyklus'). Denn das Anlaufmanagement-System muss durch Veränderungen (Stichwort: KVP) besser werden (allgemein spricht man dann von Systempflege). Von daher sollten Sie bei der Ursachenklärung auch nicht nach Schuldigen suchen, sondern nach Lösungen.

Spricht man von Audit, unterscheidet man drei unterschiedliche Formen: neben dem Produkt- und Verfahrensaudit hat das Systemaudit eine besondere Bedeutung, weil es dem Nachweis der Wirksamkeit und Funktionsfähigkeit einzelner Elemente oder eines gesamten Qualitätsmanagementsystems dient.

„Systemaudit" meint das Audit eines Managementsystems: dies kann ein Qualitätsmanagementsystem sein, ein Umweltmanagementsystem oder eine Kombination aus mehreren Systemen. In unserem Falle handelt es sich um ein Anlaufmanagement-System. Und genau darauf wollen wir uns im Sinne eines System-Audits konzentrieren. Abbildung 3 zeigt acht wesentliche Kernpunkte eines Anlaufmanagement-Systems:

- Projektorganisation
- Projektkommunikation
- Führungssystem / Projektcontrolling
- Visuelles Management
- Tools und Hilfsmittel
- SE (Simultaneous Engineering)-Prozesse
- Anlauf- bzw. Projekterfahrung
- Informationstransparenz / Dokumentation.

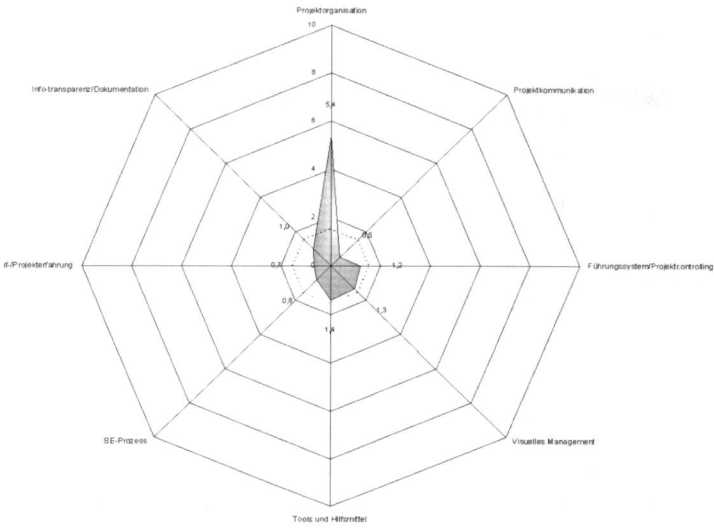

Abb. 3: Auditergebnis bei Projektstart (Beispiel)

Zwei Kriterien wollen wir an dieser Stelle exemplarisch herausgreifen: „Projektorganisation" und „Projektkommunikation". Zu jedem Kriterium wird zunächst einmal ein Fragenkatalog in Form einer Audit-Checkliste erstellt (siehe Abb. 4 und Abb. 5).

AUDIT-CHECKLISTE	Firma:		Teilnehmer neutral:		Auditleiter: A. Romberg	Staufen Akademie
	Gruppe: AM-Seminar		Datum: `15.11.2004		Co-Auditor:	Akademie
	Arbeitssystem:		Nächstes Audit: offen			Red Ball

Kriterium 1:   Projektorganisation

Nr.	Forderung	Feststellung	Systematik			Umsetzung					Bew	
			0	30	60	90	0	30	60	90	100	OW	Pkte
1	**Standards Organisation:** Es existiert ein Regelwerk zur Organisation von Projekten, respektive eines Anlaufmanagementsystems (Projektmanagementhandbuch) --> Aufbauorganisation und "Spielregeln"											
2	**Standards Organisation:** Es existiert ein Regelwerk zur Organisation eines Qualitätsmanagementsystems --> Regelung der Geschäftsprozesse (Qualitätsmanagementhandbuch) --> Augenmerk auf Prozessorganisation											
3	**Standards Organisation:** dem Anlaufmanagementprozess wird dadurch Rechnung getragen, dass das Projektmanagement eine eigene Funktion im Unternehmen sind und an das Top-Management angebunden sind											
4	**Projektteamstandards:** Projektteams werden von der GF/GL definiert; wobei mind. unterschieden wird nach Projektmanagern; Projektteammitgliedern; Fachteammitgliedern											
5	**Projektteamstandards:** Regelungen zu A K V sowie Qualifikation der Projektteammitglieder sind geregelt											
6	**Standards zu Projekteinstieg:** Projektauftrag ist eindeutig formuliert (z.B. Projektbez., -beschreibung, -zielsetzung ...)											
7	**Standards zu Projekteinstieg:** Projektinhalte sind eindeutig formuliert --> Standardphasenplan											
8	**Anlaufmodellstandard** existiert ein Standardprozessmodell für Neuanläufe/Neuprojekte z.B. nach VDA, QS9000, APQP --> Anlaufmanagement ist eigener Geschäftsprozess											
9	**Leistungsschnittstellenvereinbarungen** existieren nach innen (bereichsübergreifend) und nach außen (z.B. Lieferanten) klare Schnittstellenvereinbarungen --> hinsichtlich Verantwortung, Mitwirkung, Information											

Abb. 4: Audit-Checkliste Projektorganisation

Kriterium 2:	Projektkommunikation											
Nr.	Forderung	Feststellung	Systematik				Umsetzung					Bew
			0	30	60	90	0	30	60	90	100	OW Pkte
1	**Regelkommunikationsprozess:** ist definiert; wesentliche Inhalte, Ziele, Teilnehmer, Frequenzen, Dauern sind in der RKM hinterlegt											
2	**Regelkommunikationsprozess:** Spielregeln zum Kommunikationsprozess sind definiert (z.B. Pflicht zu Vorbereitung, kurze Beiträge; ...)											
3	**Regelkommunikationsprozess:** Besprechungsarten sind eindeutig definiert; Systematik deckt den Kommunikationsbedarf ab (z.B. LA, PTS, ePTS, Meilenstein-Sitzungen)											
4	**Kommunikationseffizienz:** ist sichergestellt; keine Redundanzen; keine Verluste; Verteilungsgrad der Information ist eingriffsgrenzengesteuert											
5	**Managementeinbindung** ist das Management regelmäßig in die Projektkommunikation involviert → regelmäßige Projektstatusmeetings											

Abb. 5: Audit-Checkliste Projektkommunikation

Die Bewertungsskala als Grundlage für die Auditergebnisse orientiert sich an der VDA-Skalierung von 0 bis 10 und beleuchtet zum einen die vorhandene Systematik, zum anderen den Grad der Umsetzung. Die Visualisierung der Auditergebnisse erfolgt idealerweise in Form einer „Auditspinne", die die Werte bei Projektstarkt (siehe Abb. 3) und aktuelle Ergebnisse bei Projektende (siehe Abb. 6) plakativ wiedergibt. Vergleicht man die beiden Spinnen, ist eine deutliche Verbesserung zu erkennen – v.a. bei den Kriterien Projektorganisation, Projektkommunikation, Führungssystem / Projektcontrolling, Visuelles Management und Informationstransparenz / Dokumentation.

Geringfügig ausgeprägt sind die Veränderungen bei Tools und Hilfsmittel, SE (Simultaneous Engineering)-Prozesse und Anlauf- bzw. Projekterfahrung.

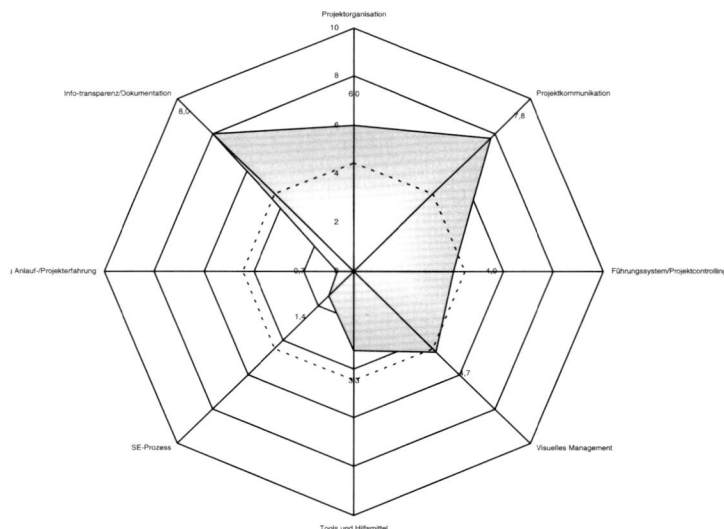

Abb. 6: Auditergebnis nach Projekt (Beispiel)

Das Einsatzgebiet dieser Methode:

- Wenn Sie Ihr AMS stärker standardisieren wollen, um es besser steuern und überwachen zu können.
- Besonders gut zur Überwachung des AMS seiner Zulieferer innerhalb der Supply Chain (als ein Element des Lieferantenmanagements). Dies lohnt sich insbesondere, wenn Sie einen Lieferanten in einer Lieferantenpartnerschaft entwickeln wollen. Damit wissen Sie, wie Ihr Partner in einer Neuprojektlandschaft „tickt" – nämlich synchron oder asynchron zu Ihrer Organisation. Hier geht es aber auch darum, den Status turnusmäßig abzufragen. Dazu müssen Lieferanten vor Ort besucht werden, Prozesse müssen abgenommen werden etc.

Methode	Organisation	Anlaufstrategie	Führungs-system	Störungs-management	Lieferanten-management	Unterstützungs-prozesse
Audits	+	+	+	+	+	+

Tab. 1: Einfluss der Methode Audit auf die einzelnen Handlungsfelder

Legende: +++ sehr starker Einfluss, ++ starker Einfluss, + geringerer Einfluss

4.2 ProVis
Transparenz mit wenig Aufwand

Projektzustände zu visualisieren braucht wenig Zeit. „Wenig Zeit" meint: dass Sie innerhalb von drei Wochen dort, wo vorher überhaupt keine Projekttransparenz war, Transparenz haben.

Jetzt denken Sie sicherlich gleich an ein mächtiges Software-Tool, das schwer zu bedienen und teuer in der Anschaffung ist und das dann, falls doch gekauft, irgendwann „verkommt", weil niemand damit arbeitet.

Weit gefehlt. Eine Methode namens „Wertstromdesign", die in jüngster Vergangenheit Furore gemacht hat, bezieht ihren Charme genau daher, dass Sie den Laptop getrost zulassen können. Und nur mit einem Blatt Papier, einem Bleistift und einem Radiergummi ausgestattet, gehen Sie durch Ihre Fabrik und zeichnen auf, was Ihnen vor Augen kommt.

Genau aus diesem Grund haben wir eine Methode namens „ProVis" entwickelt, die aus mehreren Instrumenten besteht. ProVis ist wie ein Anzeigeinstrument im Flugzeug oder im Auto. Sie müssen mit einem Blick erkennen können, wie schnell Sie beispielsweise fahren (zu schnell vielleicht?) Und bei einem Projekt müssen Sie mit wenigen

Blicken sehen, ob Sie auf der Terminschiene sind, ob die Kosten im grünen Bereich sind und ob die Qualität stimmt. (Und dann, wenn es nicht stimmt, können und müssen Sie reagieren). Je aktueller die Daten, desto pünktlicher die Reaktion (heißt: rechtzeitiges Störungsmanagement).

Kurz gesagt geht es hier um das Thema objektive Zahlen und Daten (nämlich Qualität, Kosten und Termine betreffend), in der Abb. 7 in der linken Spalte zu sehen – und um Fakten, nämlich den aktuellen Status bei Teilen (Neuteilen) und Prozess (Prozessplanung – Prozessabnahme), in derselben Abbildung in der rechten Spalte dargestellt.

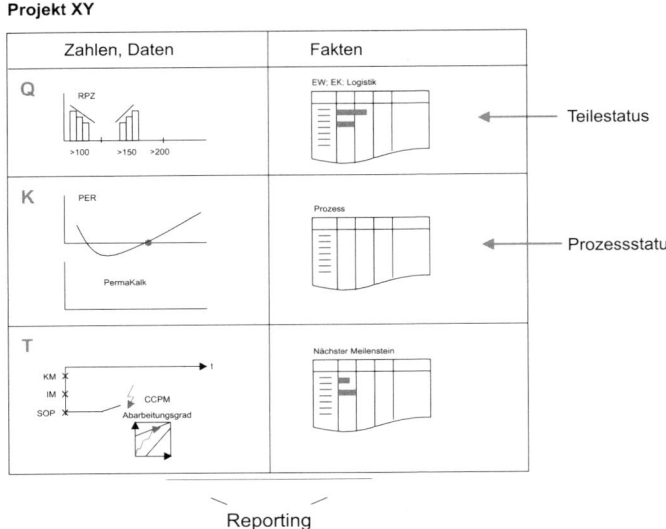

Abb. 7: Zahlen, Daten und Fakten für das Reporting

Die Projekt-Werkzeuge von „ProVis" auf einen Blick
Zahlen, Daten, Fakten.

Qualität
RPZ – Qualität steuern

Im Rahmen der FMEA wird die Risikoprioritätszahl (RPZ) berechnet (vgl. 4.8). Die RPZ ist die frühest mögliche Information über die Qualität eines Produktes – noch ehe es produziert ist. Bei den Qualitätszahlen verfolgen wir z.B. aus unseren Standard-FMEAs zu einem definierten Betrachtungszeitpunkt die RPZ (dies kann beispielsweise monatlich geschehen). Hier wird in Produkt und Prozess an den präventiv erkannten Problemen gearbeitet. So kann man schön sehen, ob es einen Trend in den Risikoklassen gibt. Dabei ist „größer 100" eine Klasse, „größer 150" eine andere Klasse. Durch diese Einteilung kann man sehen, wie in diesen Klassen die Abarbeitung, der Trend ist. Auf diese Weise kann man die Qualität steuern – und das kostengünstig (siehe 10er-Regel auf S. 58).

Termin
Meilensteinverfolgung

Meilensteine strukturieren die Projektarbeit, indem sie Etappen auf dem Weg des Anlauf-projektes markieren. Sie dienen nicht nur dem Anlaufmanager, sondern auch dem Pro-jektteam und dem Lenkungsausschuss als Orientierungspunkte. Anhand der Meilensteine erhält der Anlaufmanager rasch einen Überblick über die zeitliche Abstimmung der ein-zelnen Projektphasen. Gleichzeitig können Meilensteine auch dazu dienen, vor dem Projektlenkungsausschuss darzustellen, ob das Projekt „im grünen Bereich" ist.

Meilensteine ergeben sich häufig direkt aus der Abfolge der verschiedenen Projekt-phasen. In jedem Fall markieren sie wichtige Ereignisse im Terminplan des Projektes. Dies kann ein Zeitpunkt sein, zu dem eine wichtige Entscheidung ansteht, die den Fort-gang des Projektes betrifft. Idealerweise wird ein Meilenstein durch ein Zwischenprodukt repräsentiert – in unserem Falle beispielsweise einen Prototyp, der mit einem festgeleg-ten technischen Stand zu definierten Kosten an einem bestimmten Termin fertig gestellt sein soll.

Ergänzend zur Meilensteinverfolgung bietet sich die Verfolgung des Projektabarbei-tungsgrades an, sofern Sie CCPM als Projektmanagement-Methode einsetzen.

Kosten
Die permanente Kalkulation
Kostentransparenz sicherstellen

Mit diesem Instrument können Sie ständig die Herstellkosten mit dem Verkaufspreis ver-gleichen und die Marge verfolgen. Sämtliche Änderungen während der Projektlaufzeit werden hierbei bezüglich ihrer Auswirkungen auf die Projektrentabilität dokumentiert und erfasst. Die permanente Kalkulation führt der Projektleiter / Anlaufmanager ab dem Kick-off und überwacht diese. Erkenntnisse und Erfahrungen dienen als Basis, um in Folgeprojekten Fehler zu vermeiden.

Auch dieses Instrument hat viel mit dem Thema Standards zu tun, weil die PermaKalk für alle Anlaufprojekte genutzt werden kann. Sie dient überdies als wesentliches Reportinginstrument im Projektlenkungskreis.

PermaKalk

Staufen
Akademie
Bad Boll

Projekt:	
Ausstellungsdatum:	
Version:	
Projektleiter:	

Datum	HK	VK	Ziel: Gross Margin	Ist: Gross Margin	Bemerkungen	Autor der Änderung
Mrz. 03	13,50 €	17,56 €	20,00%	30,07%	Kick off	Romberg
Apr. 03	13,56 €	17,56 €	20,00%	29,50%	Materialänderung	Romberg
Mai. 03	15,03 €	17,56 €	20,00%	16,83%	Elektronik-Änderung; IC-Kosten --> VK-Verh. Erford.	Romberg
			20,00%			
			20,00%			
			20,00%			
			20,00%			
			20,00%			
			20,00%			
			20,00%			
			20,00%			
			20,00%			
			20,00%			
			20,00%			
			20,00%			
			20,00%			
			20,00%			

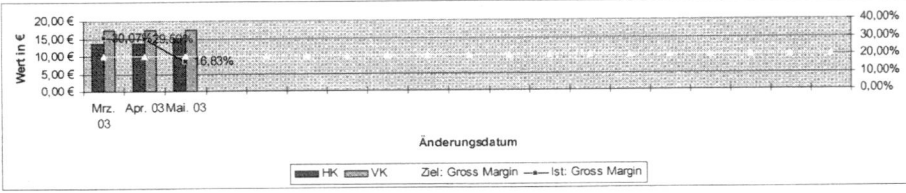

Abb. 8: Muster einer PermaKalk

Setzen Sie das Instrument am besten gleich ab dem Kick-off ein.

Die Projektergebnisrechnung
Den Break-Even bestimmen

Dieses Instrument hilft Ihnen dabei, das Projektergebnis im Verlauf über die Projektfortschrittszeit darzustellen. In der Projektergebnisrechnung werden die einzelnen Aufwendungen und Erlöse detailliert erfasst. Dies erlaubt eine Aussage über die Entwicklung des Projektes ab dem Projektstart über die gesamte Laufzeit. Auch hier dienen die Erkenntnisse und Erfahrungen als Basis zur Fehlervermeidung in Folgeprojekten. Mit diesem Standard-Tool können Sie im Prinzip die Hockeyschlägerkurve für den Break-Even des Projektes ableiten.

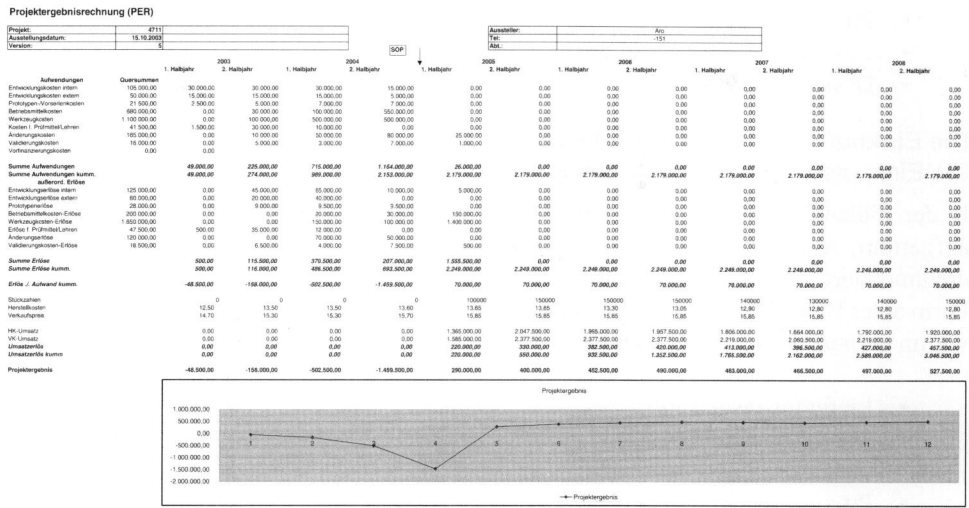

Abb. 9: Muster einer Projektergebnisrechnung

Die Statuslisten auf einen Blick
Zahlen, Daten, Fakten.

Wir hatten gesagt, dass es uns um Zahlen, Daten, Fakten geht. Bei den Statuslisten geht es um Fakten zum Neuteilestatus, genauer um den Teilestatus, bestehend aus

- Entwicklungsstatus
- Einkaufsstatus und / oder WZ-Status
- Logistikstatus

Die Entwicklungsstatusliste (EW-Status)
Die Entwicklungsaktivitäten meilensteinorientiert verfolgen

Dieses Instrument hilft Ihnen, den Entwicklungsstatus zu verfolgen. Hier sind Teilenummern und Neuteile aufgelistet. Außerdem finden sich hier die Entwicklungsmeilensteine. Mit Hilfe dieses Instrumentes können Sie feststellen (um eine Auswahl zu nennen), ob ein Konzept vorliegt, ob Zeichnungen festgelegt sind oder ob es Stücklisten gibt. Für die verschiedenen Hauptprozesse liegen Statuskennlinien oder Kennbilder vor. Meilensteine sind:

- Konzept erstellt
- K-FMEA erstellt
- Design reviewt
- K-FMEA reviewt
- Zeichnungen erstellt
- Stückliste erstellt

129

- Prototyp erstellt
- …
- Design Freeze

Die Einkaufsstatusliste (EK-Status)
Die Einkaufsaktivitäten meilensteinorientiert verfolgen

In der Einkaufsstatusliste werden unter der Teilenummer alle Neuteile eines Projektes aufgeführt. Außerdem werden die Meilensteine des Einkaufs über der Projektlaufzeit dokumentiert. In der Einkaufsstatusliste verwenden wir ein Entwicklungsdiagramm in Form eines Balkendiagramms, das Antworten liefert auf die Fragen: Wo stehen wir? Sind wir im grünen, gelben oder roten Bereich? Meilensteine sind:

- Lieferant ausgewählt
- Daten abgestimmt
- FMEA abgenommen
- Prozess abgenommen
- …
- Zukaufteil erstbemustert

Der Werkzeug-Status (WZ-Status)

Den Werkzeugstatus bis zur Werkzeugabnahme und Freigabe im Prozess zu verfolgen ist wichtig für Unternehmen, die stark werkzeuggebunden arbeiten (wie beispielsweise ein Spritzgussbetrieb oder im Falle von Gießwerkzeugen für Metallguss oder Metallumformwerkzeugen). Denn sobald die Konstruktion fertig ist, muss der Werkzeugbau intern oder extern mit einem WZ beauftragt werden. Hier lauten Meilensteine:

- Teiledaten validiert
- Daten versandt
- WZ-Spezifikation erstellt
- WZ-Anlage abgenommen
- …
- WZ-FMEA
- WZ-Abnahme

Das Gleiche gilt auch für die Betriebsmittel.

Der Prozess-Status

Hier geht es um die meilensteinorientierte Verfolgung der Prozessentwicklung und -validierung. Steht das Produkt konstruktiv fest, muss der Prozess intern und extern geplant, „aufgebaut" und feingetunt werden, damit zum SOP die gewünschten Stückzahlen (und Kapazitätsreserven) in der geforderten Qualität „vom Band laufen".

Meilensteine sind beispielsweise:

- Produktionslayout erstellt
- Produktionslenkungsplan erstellt
- Prozessqualitätsplan erstellt
- Prüfplanung erstellt
- BeMi-Lastenheft erstellt
- BeMi Lieferanten festgelegt
- …
- Abnahme bei Lieferanten
- Aufbau inhouse
- Abnahme inhouse
- Produktionstest 1, 2, 3
- …
- Prozessfreigabe

 Im Zweifelsfall „IBM (Immer besser manuell)"…
Gestatten Sie an dieser Stelle noch eine Bemerkung zum Thema IT-Unterstützung. Die oben genannten Statuslisten sind die Basis nicht nur für das Projektreporting, sondern auch für das Visualisieren. Derzeit ist dies häufig noch eine manuelle Angelegenheit.

„Immer besser manuell" – als gar nichts.
Bevor Sie versuchen, die „eierlegende Wollmilchsau" zu erfinden und sich aus den EDV-Systemen Daten beschaffen, ist es zielführender, sich erst einmal um manuelle Steuerungsmittel zu kümmern. (In einem zweiten Schritt können Sie dann immer noch sehen, ob Sie das Vorhandene sukzessive in die IT-Welt übertragen können oder Daten einfach bzw. automatisch aus der EDV-Welt gewinnen können.)

Bei verschiedenen Softwareherstellern gibt es Tools, mit deren Hilfe Sie Neuprojektierungen abwickeln können. Das Problem ist hier nur: dass sich die Organisation an der EDV ausrichten muss – und nicht die EDV an der Organisation. Das heißt: Ein Dienstleistungsprozess schreibt Ihnen vor, wie Sie den Prozess zu gestalten haben, mit dem Sie Geld verdienen. Hier wird ein Dienstleistungsprozess zum Selbstzweck!

Wir haben auch festgestellt, dass ein spezifisches Produkt und die spezifischen Prozesse, um dieses Produkt herzustellen, nicht immer in die vorgegebenen IT-Abläufe passen. Die einschlägigen Programme sind häufig so komplex, dass die Mitarbeiter nicht entlastet, sondern zusätzlich belastet werden. Die Folge: Die Software wird nicht akzeptiert, nicht gepflegt und nicht genutzt. Um nur ein konkretes Beispiel von vielen zu nennen: Ein Unternehmen hat für viel Geld eine Software angeschafft und zusätzlich für die Beratungs- und Anpassungsleistung noch mehr Geld ausgegeben – bloß leider mit viel zu vielen Features. Weil aber die Software zu komplex war, wurde (und wird) sie nicht genutzt – ein teurer „Spaß".

Methode	Organisation	Anlaufstrategie	Führungs-system	Störungs-management	Lieferanten-management	Unterstützungs-prozesse
ProVis	+	+	+++	+++	++	++

Tab. 2: Einfluss der Methode ProVis auf die einzelnen Handlungsfelder

Legende: +++ sehr starker Einfluss, ++ starker Einfluss, + geringerer Einfluss

4.3 Die Regelkommunikation (RKM)
Hierarchisch. Schlank. Konsequent.

Häufig knirscht bei Anlaufprojekten der sprichwörtliche „Sand im Getriebe". Reduzierter Output, Qualitäts- und Terminprobleme sind die Phänomene, an denen sich das nach außen zeigt. Die Innensicht: Missverständnisse, Unklarheiten, Wartezeiten, Doppelarbeit – und irgendwann Missstimmung, gegenseitige Schuldzuweisungen und handfeste Störungen. Dies muss nicht sein.

Dabei sind die Ursachen oft banal: Manchmal fehlt einfach nur die Zeit für den nötigen Informationsaustausch, es gibt keinen Standard für den Informationsfluss (oder es gibt vielleicht sogar widersprüchliche Standards), und eine Regelkommunikation ist nicht etabliert oder kommt zu kurz. Dabei ist Regelkommunikation unverzichtbar. Solche Lücken rächen sich denn auch schnell: Kleine Abstimmungsprobleme können schnell zu großen Auswirkungen auf die Arbeitsergebnisse führen.

Regelkommunikation (im Folgenden: RKM) ist Dreh- und Angelpunkt eines jeden Projektes. Sie spielt eine zentrale Rolle innerhalb des Projektes (Kernteam), aber auch extern zwischen Projekt und Lenkungsausschuss, der Bereichs- bzw. Abteilungsleitung.

Regelkommunikation ist nach unserem Verständnis ein absolutes Muss. Punkt eins. Punkt zwei: Regelkommunikation ist streng hierarchisch aufgebaut: An der Spitze der Pyramide (siehe Abb. 10) steht die Regelkommunikation mit dem Lenkungsausschuss, danach kommt ggf. je nach Unternehmensgröße die Regelkommunikation mit der Bereichsleitung, danach die Projekt-RKM – und ganz unten befindet sich die Fach- bzw. Lösungskommunikation. Punkt 3: Regelkommunikation ist zyklisch, standardisiert und systematisch.

 Regelkommunikation zwingt das Management, sich mit dem Anlaufprojekt bzw. mit den Anlaufprojekten turnusmäßig auseinanderzusetzen. Regelkommunikation muss institutionalisiert und diszipliniert durchgeführt werden. Wir sagen das deshalb so nachdrücklich, weil wir Fälle kennen, in denen die Regelkommunikation auf Anfang Juni terminiert wurde, das erste Mal im Oktober tatsächlich stattfand – und danach nie wieder…

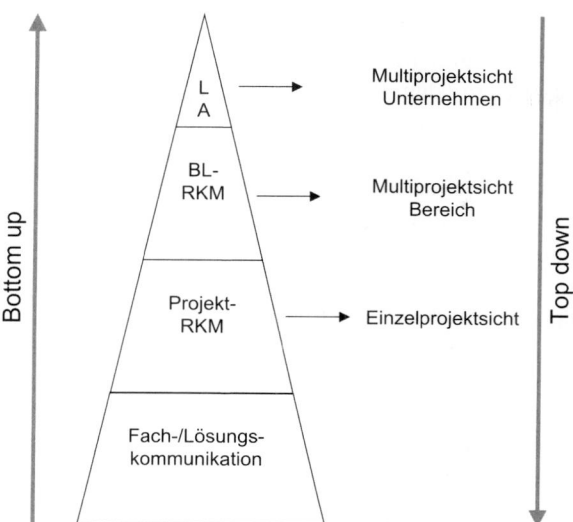

Abb. 10: Die Struktur der hierarchisch aufgebauten Regelkommunikation

Die Regelkommunikation findet Bottom up und Top down statt. Dabei findet eine Verdichtung der Informationen nach oben, und eine Entflechtung nach unten statt. Auf den unterschiedlichen Ebenen unterscheiden wir auch nach Art und Umfang von Steuerung und Entscheidung.

Die Fach- und Lösungskommunikation
findet bedarfsorientiert statt. Auch die Zielgruppe ist hier bedarfsorientiert. Hier geht es um Themen der Arbeitsebene bzw. um Sonderthemen bei Abweichungen. Ergebnisse sind Arbeitsunterlagen wie beispielsweise Zeichnungen, Skizzen oder Arbeitspläne, Betriebsmittelauslegungen, WZ-Festlegung usw.

Die Projekt-RKM
findet wöchentlich statt. Da nämlich trifft sich das Projekt-Kernteam, alle Funktionen sind vertreten. Reibungsverluste in Projekten entstehen oft durch Kleinigkeiten, die im Tagesgeschäft kaum beachtet werden. Mitarbeiter tauschen sich nicht genügend oder zu wenig systematisch über die Ereignisse des (Vor-)Tages aus. Kundenbedürfnisse fallen schnell durch das Raster, es besteht Informationswirrwarr, und schnell geht es um Nichtzuständigkeiten, wechselseitige Schuldzuweisung, die zu einer Verzögerung oder gar Verhinderung von Lösungen führen.

Von daher geht es bei der Projekt-RKM in erster Linie um eine Berichterstattung zum Status auf Projektebene, aber auch um Themen der Steuerung: die Abarbeitung der Aktivitätenliste (LOP), einen Abgleich der Statusinfos, den Status der wirtschaftlichen Kenngrößen und das Thema rechtzeitiges Störungsmanagement.

133

Die Bereichsleitung-RKM

findet beispielsweise in 14-tägigem Turnus statt. Hier berichten die Projekt- und Abteilungsleiter den Bereichsleitern / dem Bereichsleiter. Auf dieser Ebene geht es nicht mehr um eine Einzelprojekt-, sondern um eine Multiprojektsicht. Themen sind die diversen Projektstati (Q, K, T), Prioritäten und Ressourcen, mögliche Änderungen durch den Kunden sowie technische Themen (beispielsweise Vorausentwicklung, Innovationen). Ergebnisse sind beispielsweise Projekt-Prioritäten sowie ein Arbeitsplan (EW, EK) oder Budgetentscheidungen.

Die Regelkommunikation mit dem Lenkungsausschuss

findet einmal pro Monat statt. Hier berichten die Bereichsleiter dem Lenkungsausschuss. Die Themen: Multiprojektstatus (Qualität, Kosten, Termin); Meilensteinreviews, Prioritäten und Ressourcen, mögliche Änderungen durch den Kunden, Projektselektion (Filter) und Anlaufmanagement-Prozess (Stichwort Auditergebnisse, funktioniert unser AMS?). Ergebnisse dieses Treffens sind eine Prioritäten-Masterliste, Meilenstein- und Projektfreigaben.

Notwendige Fortschrittskontrollen verlieren im Rahmen der Regelkommunikation ihren bedrohlichen Beigeschmack: Sie werden von den einzelnen Mitarbeitern als ein wichtiges Element der Projektentwicklung und -steuerung begriffen. Wie eine solche Regelkommunikation-Vereinbarung auf der Ebene der Projekt-RKM konkret aussieht, haben wir beispielhaft in der folgenden Abbildung dargestellt. Vorsicht: Dies ist ein allgemeines Beispiel aus einem Unternehmen, in dem es um Troubleshooting ging.

	Qualität (Q-Tracking; 7D-Review)	Bemusterungen (PPAP-Tracking)	Prozess (APQP-Tracking)
Regel-kommunikation	RKM-Team: • Fr. Müller • Hr. Meyer • Hr. Schmidt • Hr. Krone • Hr. Zahn • Hr. Hilmer Termin: Di 10:30 Uhr Tgl. 16:30 Uhr	RKM-Team: • Fr. Müller • Hr. Maisch • Hr. Schmidt • Hr. Teuchert • Hr. Schneider • Hr. Hilmer Termin: Mi: 11:00 Uhr	RKM-Team: • Fr. Müller • Hr. Graf • Hr. Krone • Fr. Müller • Hr. Neumann • Hr. Hilmer • Hr. Reimschn Termin: Di 13:00 Uhr
	Schwerpunkte: • Reduzierung QZK • Abarbeitung 7D • Reduzierung IPPM	**Schwerpunkte:** • Colormatching • IMDS • Engineering-Punkte	**Schwerpunkte:** • Absicherungsthemen • MA-Qualifikation • Run@Rate

Abb. 11: Beispiel für eine Regelkommunikation-Vereinbarung

Der „War Room"

Integraler Bestandteil der Regelkommunikation ist der „War Room". Was so martialisch klingt, hat insofern seine Berechtigung, als es a) um Regelkommunikation geht und diese b) nach dem Motto ZDF, „Zahlen, Daten, Fakten" – nichts anderes wird gewünscht.

Bei vielen Meetings geht es viel zu behaglich zu, viel zu wenig zielorientiert. Man trifft sich um des Treffens willens – völlig unabhängig davon, ob etwas Wichtiges ansteht, das es zu besprechen gilt oder nicht. Sie kennen solche Regeltermine: begonnen beim Jour Fix über eine wöchentliche Abteilungsleiter-Sitzung bis hin zu unzähligen anderen Sitzungen, die nur eines kosten: Zeit. Rechnen Sie einfach einmal den Stundensatz mal Anzahl der Personen mal Anzahl der Stunden hoch, um die Kosten zu erhalten, die Ihnen bei jedem Treffen entstehen. Abb. 12 zeigt den Zusammenhang zwischen der Methode Regelkommunikation und ProVis.

Abb. 12: Der „War Room" – Visualisierung und Dokumentation

Um ein Anlaufprojekt effizient zu realisieren, müssen alle relevanten Informationen in der benötigten Qualität zur rechten Zeit am rechten Ort sein. Ein Instrument hierfür ist eine standardisierte Regelkommunikation. Denn Information und Kommunikation sorgen nicht nur für Motivation, Leistungsbereitschaft, positives Arbeitsklima und eine Identifikation der Mitarbeiter mit dem Projekt. Information und Kommunikation schaffen auch die nötige Transparenz beim Projektfortschritt.

Methode	Organisation	Anlaufstrategie	Führungs-system	Störungs-management	Lieferanten-management	Unterstützungs-prozesse
RKM	++	++	+++	+++	+++	+

Tab. 3: Einfluss der Methode RKM auf die einzelnen Handlungsfelder

Legende: +++ sehr starker Einfluss, ++ starker Einfluss, + geringerer Einfluss

4.4 Die Liste offener Punkte (LOP)
Die richtigen Maßnahmen einleiten und verfolgen

In dem Augenblick, in dem Sie im Sinne eines frühen Störungsmanagements Abweichungen erkennen, müssen Sie innerhalb der Regelkommunikation Maßnahmen definieren, um sie anschließend auch überprüfen zu können.

Dazu gibt es eine Methode. Sie hat, je nach Unternehmen, unterschiedliche Namen: Aktivitätenliste, Maßnahmen-Tracking, „Fast-Tracking" oder kurz LOP – die Liste offener Punkte. Hier geht es nicht um projektspezifische Themen, sondern um negative Abweichungen im Projekt. Um nur ein Beispiel zu nennen: der Design-Freeze-Termin muss verschoben werden, weil sich kurzfristig noch Änderungen ergeben haben. Folglich müssen Sie einen neuen Termin fixieren und vermutlich Zeit aufholen, um die Lücke zu schließen, die sich aufgetan hat.

Maßnahmen verabschieden
Der Schwerpunkt der Regelkommunikation besteht nicht in der Diskussion, sondern in der Umsetzung. Eine Methode, um Lösungen und Maßnahmen zu verabschieden, ist die Maßnahmenliste, die Liste offener Punkte. Sie schafft Verbindlichkeit.

Sie können die Maßnahmenliste für den → War Room vorbereiten, indem Sie im einfachsten Fall ein Excel-Sheet vorbereiten. Die Maßnahmenliste hat in der Regel mindestens fünf Spalten.

- Spalte *Verantwortlicher* (Wer?): anwesende Person, die die Verantwortung für Erledigung oder Delegation übernimmt
- Spalte *Zuarbeiten (mit Wem?)*: Personen, Abteilungen, Externe, die mitarbeiten sollen
- Spalte *Maßnahmen (Was?)*: schnell durchführbare erste Schritte präzise beschreiben; konkrete Maßnahmen, die Anwesende realisieren wollen; Starttätigkeit oder Fortsetzung bei längerfristigen Projekten
- Spalte *Nummer der Maßnahme*
- Spalte *Termine*: End-Termin für die Erledigung der Tätigkeit
- Spalte *Status*

Regelkommunikation, die nicht zu Maßnahmen führt, ist verlorene Regelkommunikation. Deshalb empfiehlt es sich, eine Maßnahmenliste schon vor Beginn des Treffens vorzubereiten. Wichtig an der folgenden Abbildung sind die Spalten „Nummer der Maßnahme", „Status" und „Datum". Wichtig ist, dass dokumentiert wird, wer eine Maßnahme eingebracht hat. In Excel hat man dann die Möglichkeit, gezielt zu filtern.

Achten Sie darauf, dass in der Spalte „Wer?" je Ziel (sprich: Maßnahme) nur ein Mitarbeiter benannt wird, der physisch anwesend ist.

Staufen
Akademie
Bad Boll

Erstell-datum	eingebracht in/durch	Thema	Maßnahme	verantw. Name	Erl.-Termin	Status	Abarbei-tung	Mitarbeit	Prio
							0		
							0		
							0		
							0		
							0		
							0		
							0		
							0		
							0		
							0		
							0		
							0		
							0		
							0		
							0		
							0		
							0		
							0		
							0		
							0		
							0		

Abb. 13: Muster für eine Liste offener Punkte (LOP)

Maßnahmen verfolgen und prüfen

Mit Hilfe der Originalblätter aktualisieren Sie den Status. Neben dem Datum ändert sich die Kennung der Maßnahmen (RKM-Treffen 1: Maßnahmen A1 bis AX mit Datum; RKM-Treffen 2: Maßnahmen B1 bis BX mit zusätzlichem Datum etc.). Dieses Maß-nahmenblatt bleibt so lange lebendig und präsent, wie noch Maßnahmen offen sind. Der jeweilige Stand wird nach jeder Regelkommunikation gereviewt. Auf diese Weise entsteht eine lückenlose Dokumentation aller Maßnahmen und Ergebnisse.

Übung macht den Meister. Also: ergreifen Sie jede Gelegenheit, um sich Praxis zu verschaffen.

Methode	Organisation	Anlaufstrategie	Führungs-system	Störungs-management	Lieferanten-management	Unterstützungs-prozesse
LOP	++	+	++	+++	+++	++

Tab. 4: Einfluss der Methode LOP auf die einzelnen Handlungsfelder

Legende: +++ sehr starker Einfluss, ++ starker Einfluss, + geringerer Einfluss

4.5 Critical Chain Project Management
Engpässe erkennen und managen

*Es ist nicht wichtig,
jede Aufgabe „on time" abzuschließen,
sondern es ist entscheidend,
das Projekt „on time" zu beenden.*

Viele Projekte werden nicht rechtzeitig fertig, sind teurer als geplant und bringen häufig nicht die Ergebnisse, die sie versprochen haben. Warum dies so ist? Weil...

- ...versprochene Fertigstellungstermine für einzelne Aufgaben nicht eingehalten werden,
- ...es zu viele Änderungen gibt,
- ...zu oft eingeplante Ressourcen nicht verfügbar sind,
- ...es Auseinandersetzungen um Prioritäten zwischen einzelnen Projekten gibt,
- ...Budgets überzogen werden,
- ...bereits erledigte Aufgaben erneut aufgegriffen werden müssen.

Diese Schwierigkeiten, die immer wieder auftreten, sind nach klassischer Denkweise auf fehlende Genauigkeit und Konsequenz des Projektmanagements zurückzuführen. Wir wollen im Folgenden zeigen, dass die Schwierigkeiten in der Grundkonzeption des Projektmanagements selbst begründet sind. Anders gesagt: je „konsequenter" Projektmanagement betrieben wird, umso größer die Schwierigkeiten, die daraus resultieren. „Critical Chain Project Management" stellt der klassischen Projektmanagement-Methode einen fundamental anderen Ansatz gegenüber und erzeugt dadurch signifikante Verbesserungen der Projektperformance. Critical Chain Project Management sorgt dafür, dass

- Projekte so geplant und gesteuert werden, dass alle „Zeitfresser" eliminiert werden,
- parallele Projekte so synchronisiert werden, dass ein optimales Gesamtergebnis für das Unternehmen entsteht.

Für das einzelne Projekt bedeutet das unter anderem:

- Sicherheitsreserven werden aus den einzelnen Projektaufgaben entfernt und an die strategisch wichtigen Stellen des Projektplanes gelegt, um die Termineinhaltung abzusichern und nicht unnötig Zeit zu verschwenden.
- Ein Frühwarnsystem ermöglicht es dem Projektleiter und dem Management, zu erkennen, welche Probleme im Projekt vorrangig behandelt und gelöst werden müssen.
- Alle Anlässe für Multitasking innerhalb eines Projektes werden entfernt.

Die herkömmliche Ansicht

„Seit Jahrzehnten lernen Projektmanager, dass mit Hilfe des kritischen Pfades ... Projektlaufzeiten verkürzt werden können. Dazu geht man folgendermaßen vor:

- Alle Aufgaben eines Projektes werden aufgelistet.
- Die Länge der einzelnen Aufgaben wird mit einem Sicherheitsfaktor geschätzt.
- Abhängigkeiten (Vorgänger-Nachfolger-Beziehungen) zwischen den einzelnen Aufgaben werden festgestellt.
- Die kürzest mögliche Projektlaufzeit wird ermittelt – der ‚kritische Pfad'." (Techt / Lörz 2004).

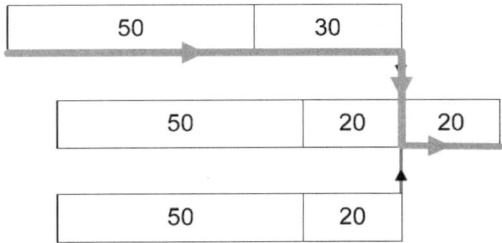

Abb. 14: Der kritische Pfad

Und auf diesen kritischen Pfad richtet der Projektleiter nun sein ganzes Augenmerk. Kann der kritische Pfad, so die Überlegung häufig, „in time" ablaufen, wird das Projekt als Ganzes fertig. Auf die Pfade, die zuliefern, achtet er weniger, fangen diese doch so früh wie möglich an und sind mit hoher Wahrscheinlichkeit jeweils rechtzeitig vor ihrer Einmündung in den kritischen Pfad fertig.

Der übliche Weg des Projektmanagements geht außerdem davon aus, dass „lokale Optimierung" (jede einzelne Tätigkeit rechtzeitig fertig stellen) die beste Vorgehensweise

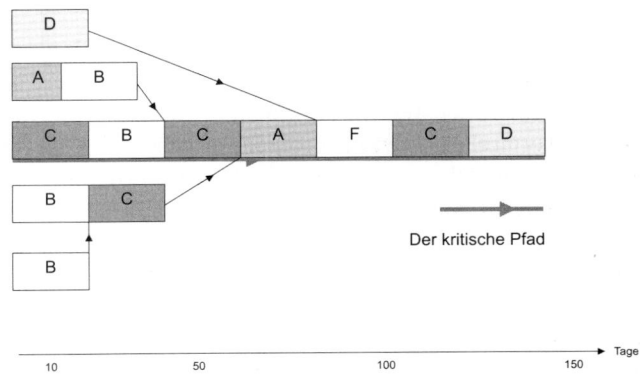

Abb. 15: Häufungen in der Ressourcen-Anforderung

ist, um „globale Optimierung" (= das Projekt ist rechtzeitig fertig) zu erreichen. Richtig? Leider nein, wie die Praxis immer wieder zeigt. Denn obwohl die „Beweisführung" logisch klingt, gibt es eine ganze Reihe von Tücken. Die erste davon ist, dass es zu Häufungen in der Ressourcen-Anforderung kommt. Denn ein optimaler Projektplan, der auf Basis des kritischen Pfades vor allem auf den Faktor Zeit und Aufgaben abstellt, erzeugt nur Häufungen in der Ressourcen-Anforderung. Dies geht deutlich aus dem Projektplan in Abb. 15 hervor.

Denn betrachten wir die Ressource B, so sehen wir, dass sie zeitweise dreifach benötigt wird. Bloß leider werden Sie diese Ressource B nicht dreifach verfügbar haben. Sie müssen den Projektplan also einem Ressourcenausgleich unterziehen (siehe Abb. 16). Dieser Ressourcenausgleich ist sinnvoll und unbedingt notwendig – aber er führt in der Folge zu einer Verlängerung der Projektlaufzeit.

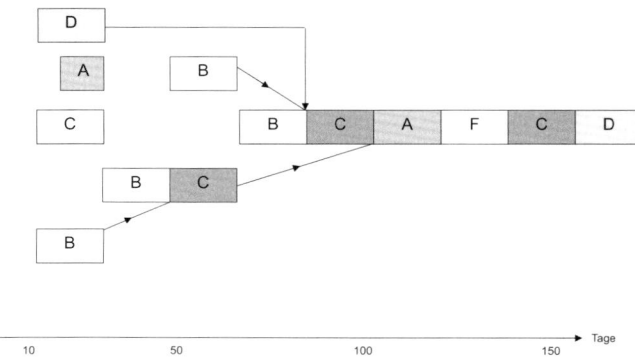

Abb. 16: Ressourcennivellierter kritischer Pfad

An dieser Stelle wollen wir uns mit den häufigsten Ursachen für Projektverzögerungen beschäftigen.

Wenn Zeitschätzungen in Terminzusagen umgewandelt werden

Vielleicht fragen Sie sich einmal selbst, wie Sie eine Zeitschätzung abgeben, wenn Sie wissen, dass daraus ein fester Termin abgeleitet wird – den Sie unbedingt einhalten müssen. Sie werden vermutlich eine Zeitschätzung abgeben, von der Sie wissen, dass Sie diese mit einer sehr hohen Wahrscheinlichkeit auch einhalten können. Diese Schätzungen enthalten also erhebliche Zeitpuffer.

Machen wir ein kleines Gedankenexperiment:

Sie sollen eine Zeitschätzung für eine Projektaufgabe abgeben, die nicht besonders anspruchsvoll ist und die Sie gut überschauen können. Sie schätzen, dass Sie diese Aufgabe in 10 Arbeitstagen erledigen können. Vielleicht bräuchten Sie auch nur acht Tage, sofern Sie ungestört daran arbeiten könnten (was selten vorkommt). Wie viele Tage werden Sie also nennen, wenn Sie wissen, dass Sie den geschätzten Termin auch einhalten müssen?

8 Tage?
10 Tage?
12 Tage?
15 Tage?
20 Tage?

Vielleicht denken Sie:

- Normalerweise müsste ich es in zehn bis elf Tagen schaffen.
- Wenn alles gut läuft, schaffe ich es in acht bis neun Tagen. Unter acht Tagen geht es auf keinen Fall.
- Aber was ist, wenn ich andere Projekte parallel bearbeiten muss? Dann werden es schnell 15 bis 20 Tage.
- Und was ist, wenn Schwierigkeiten in der Aufgabe selbst auftreten? Dafür sollte ich einige Tage Sicherheitspuffer einbauen.
- Alles in allem bin ich wohl auf der sicheren Seite, wenn ich 20 bis 22 Tage angebe.
- Wenn ich Pech habe und XY ausfällt, dauert es noch länger…
- …

Dies ist also Ihre Zeitschätzung. In Projekten arbeiten Sie jedoch mit Kollegen zusammen – die ihrerseits ebenfalls mit Zeitpuffern arbeiten, und in hierarchischen Systemen fügt jede Ebene nochmals Sicherheitsreserven hinzu (siehe Abb. 17). Daraus ergibt sich dann die Logik 1+2+2 = 6 (und nicht 5). Die Zeitdauer wird länger und länger – und das Projektende rückt in weite Ferne.

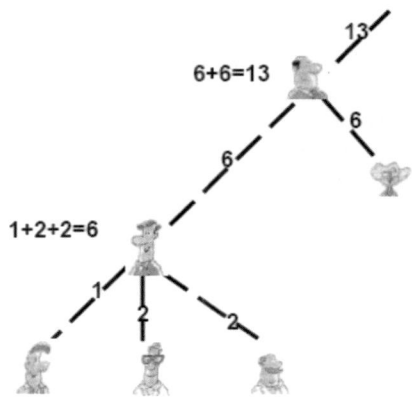

Abb. 17: Wenn sich Sicherheitsreserven akkumulieren

Ein kurzes Zwischenfazit

Wir sehen, dass bei der herkömmlichen Vorgehensweise bei einzelnen Projektaufgaben große Sicherheitsreserven eingebaut werden, um die Projektdauer zu ermitteln. Der Grund ist klar: Man will ein sicheres Erreichen des Projektziels sicherstellen. Die Praxis sieht allerdings vielerorts und häufiger als einem lieb ist völlig anders aus. Denn: trotz umfangreicher Sicherheitspolster kann in vielen Fällen der Endtermin nicht eingehalten werden. Dafür sind vier Mechanismen verantwortlich:

- Das „Studenten-Syndrom"
- Parkinson's Law
- Multitasking
- Verzögerungen summieren sich

Das „Studenten-Syndrom"

ist ein Phänomen, an dem sich besonders schön ein bestimmter Effekt zeigen lässt, den Sie vielleicht selber bestätigen können. Wer studiert hat, weiß vermutlich aus eigener Erfahrung: Aufgrund unserer Sicherheitsreserven glauben wir, vor einer wichtigen Prüfung ausreichend Zeit zur Verfügung zu haben. Der Druck, mit der Arbeit zu beginnen, ist gerade zu Beginn des geplanten Zeitraums noch nicht besonders groß. Wir lassen es also zu, uns von anderen Aufgaben stören zu lassen, den Beginn der Arbeit verschieben wir auf nächste Woche. Die Aufgabe wird meist erst dann begonnen, wenn es unbedingt nötig ist – dann allerdings arbeiten wir mit Hochdruck daran. Aber plötzlich stoßen wir auf ein unerwartetes Problem – etwas Unvorhergesehenes kommt dazwischen (was so ungewöhnlich gar nicht ist). Die Folge: wir können den Termin nicht halten, oder nur mit schlechterer Qualität.

Parkinson's Law oder Wie eingebaute Reserven verbraucht werden

1958 beschrieb Cyril Northcote Parkinson in dem Buch „The Pursuit of Progress" treffend einen Sachverhalt, der auch im Projektmanagement weitreichende Folgen hat. Es lautet: „Work expands so as to fill the time available for its completion", auf Deutsch „Jede Arbeit dauert so lange, wie Zeit für sie zur Verfügung steht." Anders gesagt: Schätzungen in Vereinbarungen umzuwandeln (siehe oben), führt zu sich selbst erfüllenden Prophezeihungen. Und: „Parkinson's Gesetz lautet einfach, dass sich Arbeit wie Gummi dehnen lässt, um die Zeit auszufüllen, die für sie zur Verfügung steht." (Crainer 1997, S. 209) Dieser Mechanismus führt dazu, dass Projektaufgaben nicht vor der geschätzten Zeit fertig werden. Und das heißt in anderen Worten: Die eingebauten Sicherheiten werden verschwendet.

Zeitschätzungen für einzelne Projektschritte werden mit Reserven für Unvorhergesehenes abgegeben. Diese Zeitschätzungen werden dann in den Projektplan eingetragen und sind damit von einer „Schätzung" zu einer „festen Terminzusage" mutiert. Aus der Schätzung resultiert ein Termin – und dieser Termin wird verbindlich und muss eingehalten werden.

Parkinsons Gesetz bewirkt, dass Arbeitspaketverantwortliche *niemals* ein Arbeitspaket mit geringerem Aufwand als vorgesehen abschließen. Dies würde nämlich bedeuten, dass sie beim nächsten Projekt für die gleiche Arbeit weniger Ressourcen zugebilligt bekämen. Selbst wenn ein Arbeitspaket mit geringerem Arbeitsaufwand durchgeführt wird, sorgt der Arbeitspaketverantwortliche im eigenen Interesse dafür, dass die Arbeitszeiterfassung trotzdem voll mit dem geplanten Aufwand belastet wird.

Die weitreichendste Auswirkung des Parkinson-Gesetzes ist jedoch der steigende Aufwand für das Projektmanagement bei gleichbleibender oder sich sogar verschlechternder Qualität der durchgeführten Projekte.

 Cyril Northcote Parkinson (* 30. Juli 1909, † 9. März 1993) war nicht nur britischer Historiker und Publizist, sondern auch der Entdecker der nach ihm benannten Parkinsonschen Gesetze, zum Beispiel über die Beobachtung, dass Arbeit genau in dem Maße ausgedehnt wird, wie Zeit zu ihrer Erledigung zur Verfügung steht. Er wurde durch über 60 Bücher weltweit bekannt und lehrte als Professor für Geschichte an der University of Malaya. Seine Theorien über die Fallstricke des Verwaltungslebens entwickelte er in seinem fünfjährigen Armeedienst während des Zweiten Weltkrieges.

Das Werk, das auf *Parkinson's Law* folgte, hieß *The Law and* the *Profits*, erschienen 1960. Hier führte er ein zweites Gesetz ein: „Die Ausgaben steigen so weit, dass sie mit dem Einkommen übereinstimmen."

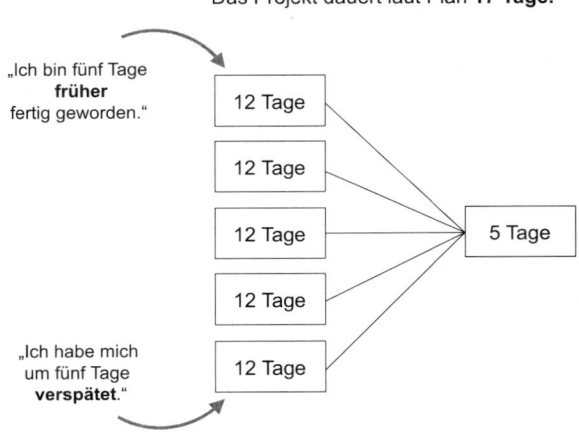

Abb. 18: Von 17 auf 22

Parkinson's Law und das Studenten-Syndrom sorgen jedenfalls dafür, dass „Verfrühungen" nicht (vollständig) an folgende Projektschritte weiter gegeben werden – während Verspätungen immer an folgende Projektschritte weiter gegeben werden (siehe Abb. 18). Dadurch werden die eingebauten Sicherheiten verschwendet: Obwohl in jede einzelne Tätigkeit erhebliche Sicherheiten eingebaut werden, ist die Chance, dass eine Kette voneinander abhängiger Aufgaben rechtzeitig fertig wird, äußerst klein.

Multitasking ist ein anderer Begriff dafür, dass Mitarbeiter mehrere Aufgaben „parallel" bearbeiten. Ressourcen ziehen zwischen Projekten hin und her. Die Hauptursache für Multitasking ist die Mitarbeit an anderen aktiven Projekten. Multitasking, vor allem wenn ungeplant, ist ineffizient und führt außerdem häufig zu fehlerbedingter Nacharbeit. Und die viel schlimmere Folge noch: Alle Projekte werden zu ihrem spätesten Endtermin fertig.

Die Steigerung ist *negatives Multitasking*. Hier wird das Multitasking nicht „selbst" verursacht, sondern aufgezwungen, indem man auf äußere Zwänge – beispielsweise eine Kundenreklamation – reagieren muss. Dies bedeutet, dass die Ressource von dem genutzt wird, der am lautesten schreit.

Verzögerungen summieren sich

Aber was passiert, wenn in Projektschritten Puffer eingebaut sind? Werden diese tatsächlich genutzt, um das Projekt vor Verzögerungen zu schützen? Wenn ja, dann müssten die meisten Projekte doch rechtzeitig fertig werden. Tun sie das wirklich?

Vorsprünge verpuffen nämlich (siehe Abb. 18). Phase A, B und C konnten sechs Tage vor Ablauf der Frist beendet werden. Dies ist die gute Nachricht. Die schlechte: Phase D verzögert sich um 18 Tage. Statistisch betrachtet müsste sich dies für alle vier Phasen ausgleichen. Laufen die Phasen parallel ab, dann wird der größte Verzug auf die Phase übertragen, die folgt. Dies bedeutet: Zeitgewinne bei anderen Phasen zählen nicht.

 Verspätungen werden immer weitergegeben, „Verfrühungen" selten bis nie.

Den Engpass managen: Die kritische Kette

Die *kritische Kette* (Critical Chain) ist die längste Kette voneinander abhängiger Aufgaben unter Berücksichtigung von Abhängigkeiten, die sich aus den Ressourcen ergeben. Sie ist der Engpass des Projektes. Schneller als die Engpassressource arbeitet, kann das Projekt nicht abgeschlossen werden. (Im Gegensatz hierzu ist der kritische *Pfad* (Critical Path) die längste Kette voneinander abhängiger Aufgaben *ohne* Berücksichtigung von Abhängigkeiten, die sich aus den Ressourcen ergeben. Indem diese Ressourcenabhängigkeiten nicht berücksichtigt werden, muss in diesem Konzept ein Ressourcenabgleich erfolgen, der die Sicherheitspuffer auf den zuliefernden Pfaden ausdünnt oder den kritischen Pfad sogar verändert.

In Kapitel 1 hatten wir unser Prozessmodell beschrieben, das Aktivitäten und Meilensteine beinhaltet. Dieses Prozessmodell muss unter Berücksichtigung der Zwischenziele und sonstiger Stolpersteine mit Hilfe von CCPM geplant und systematisch verfolgt werden (Stichwort: Abarbeitungsgrad).

Abschließend sei noch gesagt, dass wir dafür plädieren, weg vom „Silo-Denken" (= Denken im lokalen Optimum), vom Denken in Abteilungen oder Funktionen, hin zu Projektdenken und zu einem Denken in Prozessen zu kommen. Denn die Summe der Suboptima ist selten das Gesamtoptimum, und eine Kette ist nur so stark wie ihr schwächstes Glied.

Lektüretipp:

Grundzüge der Methode wurden 1997 erstmals von E. Goldratt in seinem Buch „Critical Chain" in Romanform beschrieben. Im Jahr 2002 erschien die deutsche Übersetzung mit dem Titel „Die kritische Kette".

Die Schritte zum Erfolg

Erstens. Zeitpuffer der Einzelaktivitäten werden getilgt und als Gesamtpuffer an das Projektende (sprich: an das Ende der kritischen Kette) gestellt. Der Tenor lautet: Verantwortung für das ganze Projekt. Kontrolliert wird über den Abarbeitungsgrad der kritischen Kette und den Projektpufferverbrauch.

Verspätungen auf einem zuliefernden Pfad führen häufig zu einer Verzögerung des kritischen Pfades. Um dies zu vermeiden, plant man am Ende einer zuliefernden Kette einen Puffer ein, der groß genug ist, um allen Eventualitäten zu begegnen.

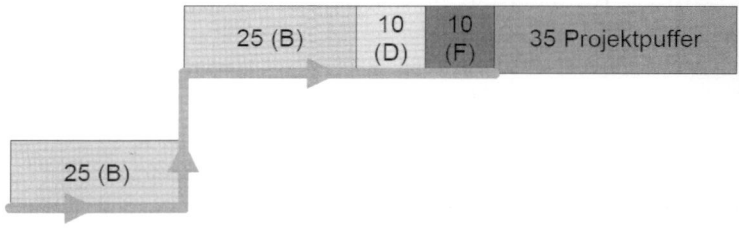

Abb. 19: Die Zeitpuffer werden explizit am Ende des Projektes ausgewiesen

Der Projektstatus wird auf diese Weise die wichtigste Messgröße. Die Puffer am Ende der kritischen Kette und am Ende der zuliefernden Ketten werden im Laufe des Projektes verbraucht. Dabei sagt die Geschwindigkeit des Verbrauchs etwas über die Sicherheit des Projektes aus. Je langsamer der Projekt-Puffer im Verhältnis zum Projektfortschritt verbraucht wird, desto sicherer ist das Projekt. Dies gilt analog auch für die zuliefernden Ketten. So lange die Zulieferketten jeweils ihren Projektpuffer langsamer verbrauchen als sie mit ihrer Arbeit inhaltlich voranschreiten, so lange sind sie „auf der sicheren Seite" und brauchen keine Warnung abzugeben.

An der folgenden Darstellung (siehe Abb. 20) erkennt der Projektleiter nicht nur den aktuellen Status des Projektes. Er erkennt auch die Entwicklungen in der letzten Zeit.

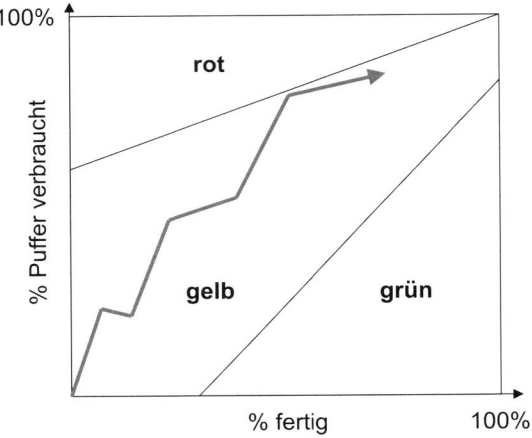

Abb. 20: Visualisierung des Projektfortschrittes

Dr. Schulz, Geschäftsführer der Transtechnik GmbH & Co KG ist der Meinung: „Der Pufferverbrauch der Projekte gibt mir einen hervorragenden Überblick zum Stand aller unserer Projekte. Nur dort, wo der Projektstatus rot oder gelb ist, brauche ich mich zu kümmern. Ansonsten weiß ich zuverlässig, dass alles im Griff ist."

Bernd Wolfes, Projektleiter des CERN-Projektes (www.cern.ch): „Endlich kann ich mich auf das Wesentliche konzentrieren. Um die Zulieferketten kümmere ich mich nur, wenn mir eine signifikante Verzögerung berichtet wird. Ansonsten weiß ich, dass meine Mitarbeiter alles im Griff haben."

Zweitens. Staffellauf-Prinzip (kein Multi-Tasking im Einzelprojekt)

„Im Sport gelten für den Stafelläufer einfache Regeln: Wenn er auf die Staffelübergabe wartet, bereitet er sich vor, schaut zurück, wann die Staffelübergabe zu erwarten ist, läuft dann an, damit er die richtige Übergabegeschwindigkeit hat und die Übergabe reibungslos erfolgen kann." (Techt, Lörz 2004). Wenn er den Stab hat, besteht seine einzige Aufgabe darin, zu laufen – und den Stab dem nächsten Läufer zu übergeben bzw. ins Ziel zu tragen. Diese einfachen Prinzipien werden auf das Projektmanagement übertragen:

- Es muss sofort mit der Projektaufgabe begonnen werden, wenn der Vorgänger die Aufgabe übergeben hat.
- Um sich darauf einzustellen, muss mit dem Vorgänger regelmäßig kommuniziert werden.

146

- Durch aktive Vorankündigung der Beendigung eines Arbeitspaketes wird versucht, aufeinanderfolgende Vorgänge möglichst im „Staffellauf-Prinzip" aneinanderzureihen und Leerlauf zu vermeiden.
- Denn jede Unterbrechung der Projektaufgabe kann zu einer Verzögerung des Projektes führen.

Drittens. Das Projektportfolio wird priorisiert (kein Multi-Projecting im Portfolio)

Projektmitarbeiter arbeiten an verschiedenen Projekten zur gleichen Zeit. Die Konsequenz: Projekte werden zu ihrem spätesten Endtermin fertig.

Es gilt als Regel, dass die Projektmitarbeiter jeweils mit 100% an nur einer Aufgabe des Projekts arbeiten, um Leerlauf und Arbeitsvorbereitungszeiten zu minimieren. Dadurch sollen alle Arbeitspakete, für die ein bestimmter Projektmitarbeiter benötigt wird, effektiv schneller zu Ende gebracht werden. Allerdings setzt dies voraus, dass sie der Reihe nach abgearbeitet und somit priorisiert werden müssen. Dies stellt in der Praxis ein wesentliches Hindernis dar, da die jeweiligen Projektverantwortlichen ihr Projekt jeweils an erste Stelle setzen wollen.

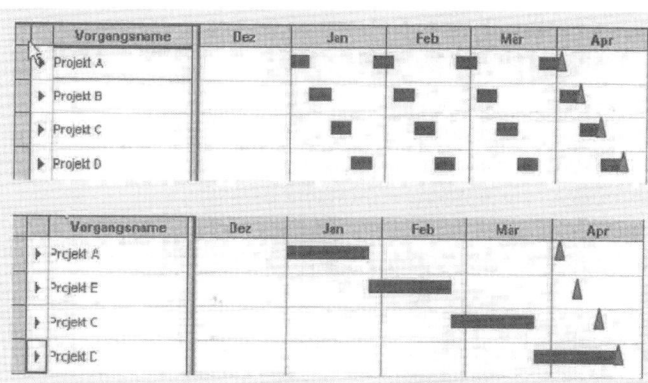

Abb. 21: Priorisierung des Projekt-Portfolios

Die Vorteile von Critical Chain Project Management auf einen Blick

- Die Projektlaufzeiten werden im Schnitt um 25 bis zu 50% gesenkt. Projekte werden früher abgeschlossen.
- Auf diese Weise wird der Projektdurchsatz erhöht. Dies hat unmittelbare Auswirkung auf die Ertragssituation.
- Die Termintreue wird um fast 100% verbessert.
- Die Liquiditätssituation wird verbessert: Bei kürzeren Durchlaufzeiten kann auch schneller fakturiert werden.
- Das Management und alle Projektbeteiligten erhalten eine bessere Übersicht zum Stand der Projekte durch „neue", aussagekräftige Kennzahlen. Die wichtigste Kennzahl ist der „Fortschritt auf der kritischen Kette".

147

- Anlaufmanagern wird eine einfache, hocheffektive Methode zur Verfügung gestellt, um die Projektleistung zu bewerten und Ressourcenentscheidungen zu treffen.

Methode	Organisation	Anlaufstrategie	Führungs-system	Störungs-management	Lieferanten-management	Unterstützungs-prozesse
CCPM	+++	++	+++	++	+++	++

Tab. 5: Einfluss der Methode CCPM auf die einzelnen Handlungsfelder

Legende: +++ sehr starker Einfluss, ++ starker Einfluss, + geringerer Einfluss

4.6 Leistungsschnittstellenvereinbarung (LSV)
Klären, wer wann den Hut aufhat

Wir wollen nochmals kurz die Bedeutung der LSV deutlich machen: bei Anlaufprojekten arbeiten Sie in dem Projektmanagement-Prozess über die Einzelaktivitäten in Kunden-Lieferanten-Beziehungen zusammen, vereinfacht dargestellt:

Li → Ku/LI → Ku/Li → Ku/Li → Ku/Li → Ziel

	GF (Vertrieb)	Technische Betreuung	Projekt-manager	Ent-wicklung	Versuch	Qualität	Einkauf	Logistik	Proto-typen-bau	Arbeits-vorbe-reitung	Pro-duktion	Serien-QS
Sourcing Decision / Letter of intent	V	M										
Projektauftrag	V	I	M	I	I	I	I	I	I	I	I	I
Kick-off Projektteam (Startgespräch) --> P-Planungsklausur		M	V	M	M	M	M	M	M	M	M	
Projektplanung und Steuerung		I	V	M	M	M	M	M	M	M	M	-
Projektadministration und Besprechungen	-		V	M	M	M	M	M	M	M	M	
Überarbeitung Risikoanalyse	I	M	V	M	M	M	M	M	M	M	M	I
Erstellen Versuchsplan			I	V	M	M						
Durchführen System-FMEA Produkt auf Systemebene			I	V	M	M						M
Beginn System-FMEA Produkt auf Bauteilebene			I	V	M	M			M	M	M	
Erstellen Prototypen-Ausgangsprüfprotokoll			I	V	M	M			M	M		
Erstellen Prototypen-Produktionslenkungsplan			I	M	M	V				M	M	
Kundenspezifische Prototypen-Dokumentation			I	M	M	V				M	V	M
Erstellen Vorläufiger Prozessablaufplan			I			M				M	V	M
Entwurf Logistikkonzept		I	M	M				V			M	
Entwurf Montagekonzept		I	M	M		M		M		V	M	
Erstellen vorläufige Liste bes. Produkt- und Prozessmerkmale			M	M	V	M				M	I	M
Entwickeln A-Muster			I	V	M	M						
Start internes Änderungswesen			V	M	M	M	M			M	M	
Beschaffen A-Musterteile			I	M	M		M	V	M			
Erstellen A-Muster			I	M	M		M	M	V	I		
Erproben A-Muster			I	M	V	M			I			
Design-Review 1			M	V	M	M	M			M		
Erstellen Freigabezeichnung			I	V								
1. A-Muster an Kunden			V									
Überarbeitung Pflichtenheft		I	V	M	M	M	I	M	I	M	M	M
Projektfreigabe	V											
Fortsetzen System-FMEA Produkt auf Bauteilebene			I	V	M	M			M	M	M	M
Ergänzen Prototypen-Ausgangsprüfprotokoll			I	V	M	M			M	M		
Funktionsfreigabe der Erstmuster			I	V	M	M						
Interne Erstmusterprüfung			I	M	V	I				M	I	
Erstmuster & Dokumentation an Kunde (EMPB-Deckbl./PSW,PPF)			I			V						
••••												
••••												
••••												
Interne Serienfreigabe	M		M			V				M	M	M
Erstbemusterung durch den Kunden (Prozessaudit)			M	M		V		M		M	M	M
Erstmusterfreigabe durch den Kunden	I	I	I			V					I	I
SOP intern	I	I	V									
SOP Kunde	I	I	I	I	I	I	I	I	I	I	I	I

Abb. 22: Muster für eine LSV

Die LSV regelt eindeutig die Verantwortlichkeiten, die Mitarbeit und die Informationsbeziehungen für die Einzelaktivitäten – und zwar über den gesamten Prozess. Es gibt je Aktivität nur eine Verantwortung. Hier lautet das Motto: „Give it to one then it is done".

In der LSV werden die Einzelaktivitäten aufgelistet. Häufig ist es bei Anlaufprojekten so, dass bei einer Aktivität X beispielsweise niemand explizit die Verantwortung hat – oder mehrere tragen sie.

Die LSV zielt auf Kundenzufriedenheit (intern und extern) – und damit auf Projekterfolg. Heißt: Die Einzelaktivität ist für den verantwortlichen Lieferanten erledigt, wenn der Kunde zufrieden ist. Dabei definiert bekanntlich der Kunde die Qualität des Ergebnisses. Diese Einzelaktivität endet, indem das Ergebnis in Form von (Status-)Informationen und/oder Material geliefert wird.

Methode	Organisation	Anlaufstrategie	Führungs-system	Störungs-management	Lieferanten-management	Unterstützungs-prozesse
LSV	+++	+	+	++	+	+++

Tab. 6: Einfluss der Methode LSV auf die einzelnen Handlungsfelder

Legende: +++ sehr starker Einfluss, ++ starker Einfluss, + geringerer Einfluss

4.7 Eskalationsstrategie
Eskalationen regeln

Vermutlich gibt es kein Projekt, in dem nicht zu einem bestimmten Zeitpunkt ein Konflikt zwischen Linie und Projekt auftritt. Genauer gesagt: Es geht um die Ressourcen. Und für die ist der Abteilungsleiter zuständig.

Bei Problemen im Projekt, die das Erreichen der Ziele in Frage stellen bzw. gefährden, muss die übergeordnete Ebene informiert werden. Sie muss korrektive Maßnahmen einleiten und ist ab dem Zeitpunkt der Anfrage verantwortlich (siehe Abb. 23).

Eskalationen zu regeln ist eine Grundspielregel der Projektorganisation. Denn im Unternehmen gibt es immer die Differenz zwischen der ressourcengebenden Linienorganisation und der in der Matrix quer dazu laufenden Projektorganisation. Wenn Sie als Anlaufmanager nicht die Möglichkeit haben, eskalieren zu können, wenn in Ihrem Projekt etwas schief läuft – dann funktioniert Ihr Projekt nicht mehr. (Das Gleiche gilt für das Thema AKV und für die Regelkommunikation.) Aus diesem Grund empfehlen wir dringend, Eskalationsrichtlinien zu vereinbaren.

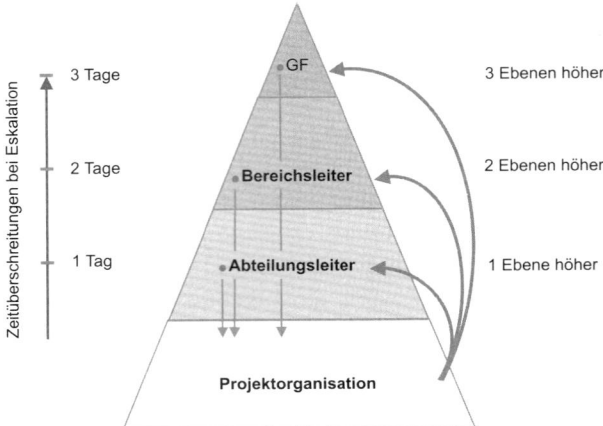

Abb. 23: Eskalationsstrategie

Stufe 1

Hier geht es häufig um Ressourcen-Konflikte. Eskaliert werden kann nach einmaliger Regelkommunikation und muss nach zweimaliger Regelkommunikation in Folge, wenn keine „normale" Klärung herbeigeführt werden konnte.

Stufe 2

Auf dieser Ebene geht es um Risikothemen, beispielsweise um Änderungen, Planabweichungen (bei Qualität, Kosten, Terminen) und abteilungsübergreifende Abstimmungen. In diesem Fall muss sich der Anlaufmanager an die übergeordnete(n) Ebene(n) wenden.

Stufe 3

Hier geht es ebenfalls um Risikothemen. Handelt es sich um das Budget oder die Gefahr des Projektverlustes, ist dies ein Linienthema und betrifft den Segmentleiter und die Geschäftsführung: In diesem Fall kann eskaliert werden. Handelt es sich um rechtliche Themen oder Kundenrückrufe, muss eskaliert werden, weil es um Haftungsthemen geht.

Methode	Organisation	Anlaufstrategie	Führungs-system	Störungs-management	Lieferanten-management	Unterstützungs-prozesse
Eskalationsstrategie	++	+	+++	+++	+++	+

Tab. 7: Einfluss der Methode Eskalationsstrategie auf die einzelnen Handlungsfelder

Legende: +++ sehr starker Einfluss, ++ starker Einfluss, + geringerer Einfluss

4.8   FMEA
Fehler vermeiden und aus Erfahrungen lernen

Die Failure Mode and Effects Analysis, kurz FMEA genannt, „dient dazu, mögliche Probleme vor ihrer Entstehung systematisch zu untersuchen. Wer seine Aktivitäten auf die Grundlage einer FMEA stellt, kann … seine Energie und seine Ressourcen auf Prävention, Überwachung und Reaktionspläne konzentrieren, wo sie wahrscheinlich am meisten einbringen" (Pande 2001). Richtig: Mit der FMEA können Sie ein Produkt, dessen Komponenten, Fehlermöglichkeiten, Fehlerursachen und Konsequenzen von Fehlern systematisch überprüfen.

Die einzige Voraussetzung, um die FMEA anzuwenden: wenn eine komplexe oder risikoreiche Situation vorhanden ist, bei der Sie besonderes Gewicht darauf legen, auftretende Probleme unter Kontrolle zu halten. Und dies ist bei Anlaufprojekten sicherlich der Fall…

Allerdings gibt es länder-, branchen- und problemspezifische Ausprägungen der FMEA in Hülle und Fülle. Da wir kein Lehrbuch schreiben, sondern Ihnen Handreichungen geben wollen, konzentrieren wir uns im Folgenden genau auf drei Typen (siehe Abb. 24).

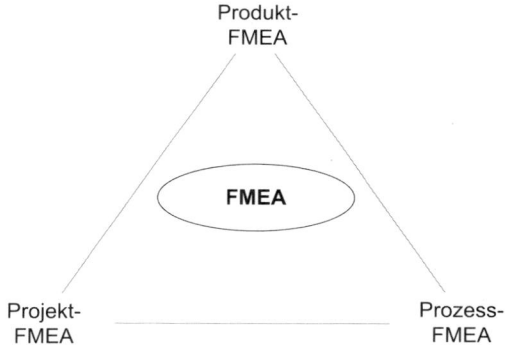

Abb. 24: Die drei FMEAs

Die FMEA kann auf viele verschiedene Arten angewendet werden. In den frühen Phasen des Designs eines Produktes oder eines Prozesses eignet sich eine qualitative und grobe Analyse. Während der Entwicklungsphasen wird eine detaillierte, quantitative FMEA durchgeführt.

Die Standard-Produkt-FMEA
Risiken systematisch und strukturiert analysieren

Der Deckungsgrad von Neuprojektierungen innerhalb eines Unternehmens bzw. eines Unternehmensbereiches ist, bezogen auf eine definierte Produktgruppe, zu einem hohen

Grad gleich bzw. ähnlich. Aus diesem Grund empfiehlt es sich, Produkte in einer umfassenden FMEA zu beschreiben und zu bewerten. „Umfassend" meint: Sie beschreiben zunächst einmal den maximalen theoretischen Umfang eines Produktes in einer Standard-Produkt-FMEA (und die dazugehörigen Prozesse) bzw. Verfahrensschritte in einer Standard-Prozess-FMEA (siehe S. 153).

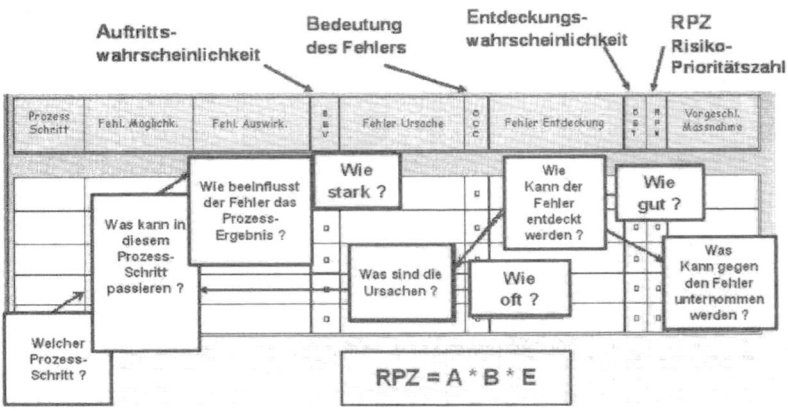

Abb. 25: Elemente des FMEA-Formblattes

Der Nutzen liegt auf der Hand: Kundenprojektspezifische FMEA können quasi via „Multiple Choice" einfach und effizient erstellt werden – was eine deutliche Effizienzsteigerung der FMEA-Aktivitäten bedeutet. Denn häufig ist es so, dass sich ein Team trifft und unter einem enormen zeitlichen Aufwand eine alte FMEA aktualisieren oder eine neue erstellen soll. Die Motivation hält sich häufig in Grenzen, und es gibt auch den Fall, dass FMEAs für ein Produkt A vorgelegt werden – bloß in der Fußzeile steht (weil beim Kopieren übersehen) der Name von Produkt B oder C… Oder es geht so wie in dem folgenden Beispiel.

 Wenn Formblätter in der Schublade verschwinden: zur FMEA

„Bei der ersten Erprobung einer Qualitätstechnik – bei der Carl Edelmann GmbH war dies die FMEA –wurde mit großem Elan in technischen Bereichen begonnen. Durch die Unterstützung eines externen Spezialisten erarbeitete ein Team von Mitarbeitern viel versprechende Maßnahmen, um das Risiko einer Entwicklung im Vorfeld ihrer Realisierung besser einschätzen und beherrschen zu können. Die durchzuführenden Maßnahmen standen nun auf den bekannten FMEA-Formblättern. Dennoch kümmerte sich kaum eines der Teammitglieder nach den Sitzungen konsequent um die Umsetzung der erörterten Maßnahmen. Da keine Verantwortlichkeiten festgelegt wurden, kam der Fortgang ins Stocken. Die FMEA-Formblätter wurden zu den Akten gelegt. Die Folge: Demotivation des Einzelnen durch fehlende Konsequenz bei der Umsetzung. (Quelle: http://www.qm-trends.de/fb0501.htm#top)

Indem das Erstellen einer konkreten FMEA auf Basis einer Standard-FMEA nämlich schlanker gemacht wird, erhöht sich erfahrungsgemäß auch die Akzeptanz bei den Mitarbeitern. Und, nicht zu vergessen: Mit einer Standard-FMEA lassen sich die Risikoprioritätszahlen aller Produkte und Prozesse übergreifend verfolgen.

 Permanente Risikoreduzierung in Produkt und Prozess durch Standard-FMEAs heißt Kostenreduzierung. „Produkte absichern" heißt zum einen, Wissen über mögliche Fehler dokumentieren, um denselben Fehler künftig zu vermeiden. Zum anderen bedeutet „Produkte absichern" jedoch auch, Produkt und Prozess durch Standardisierung abzusichern.

Wie die Methode funktioniert, ist schnell beschrieben: Sie zerlegen ein Bauteil oder einen Prozess in seine Bestandteile. Und entsprechend seiner Beziehungen vom Groben ins Detail betrachten Sie die Risiken eines Produktes, eines Prozesses (siehe Kapitel 3) oder auch eines Projektes (dazu später mehr in diesem Kapitel). Im Einzelnen:

- Identifizieren Sie das Produkt oder den Prozess.
- Listen Sie potenzielle Probleme auf, die entstehen können. Vermeiden Sie dabei triviale Probleme.
- Beschreiben Sie die Risiken durch drei Faktoren: Auftretenswahrscheinlichkeit (A), die Schwere oder Bedeutung der Folgen (B) und Entdeckungswahrscheinlichkeit (auf einer Skala von 1– 10, E) eines Fehlers oder Risikos.
- Ermitteln Sie aus diesen drei Werten über Multiplikation aller drei Bewertungen die generelle Risikorate in Form einer Risikoprioritätszahl (RPZ = A x B x E).

Wichtig an dieser Stelle anzumerken: Bei der FMEA ist immer Erfahrungswissen enthalten. „Wenn ich dies so oder so tue, dann haben wir die Erfahrung, dass dies oder jenes auftreten kann – also ist das Risiko oder die Auftretenswahrscheinlichkeit oder die Schwere so und so einzuschätzen."

 Die Risikoprioritätszahl RPZ = A x B x E ist ein Maß für das Gesamtrisiko jeder einzelnen möglichen Ursache eines potenziellen Fehlers. Je größer die RPZ, desto dringlicher sind qualitätssichernde Maßnahmen, um das entsprechende Risiko zu senken. Grundsätzlich sollten Sie dabei die fehlervermeidenden (Abschwächen des Faktors A) den fehlerkompensierenden (Reduzierung des Faktors B) und den fehlerentdeckenden Maßnahmen (Verkleinerung von E) vorziehen.

Die RPZ wird in ProVis (siehe 4.2) visualisiert (Abb. 26).

Die Standard-Prozess-FMEA

Die Prozess-FMEA dehnt das Prinzip der ursprünglichen FMEA auf Herstellprozesse aus und basiert auf dem Fertigungsplan. Mit Hilfe einer Prozess-FMEA erhalten Sie eine transparente Gesamtbetrachtung des kompletten Prozesses. Kritische Teilschritte werden

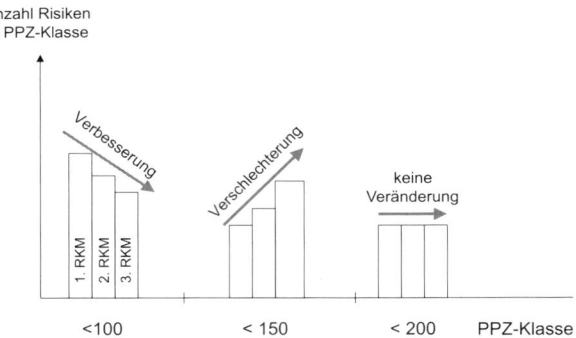

Abb. 26: Visualisierung der RPZ in ProVis

offen gelegt – und somit bearbeitbar. Sie wird vor Beginn der eigentlichen Leistungs-erstellung durchgeführt. Ausgangspunkt sind die einzelnen Arbeitsprozesse.

Der zeitliche Ablauf ist der Ausgangspunkt, um potenzielle Fehler und Qualitätsschwä-chen analysieren zu können. Diese werden für die einzelnen Prozessschritte aufgelistet und die möglichen Auswirkungen und damit auch die Qualität dokumentiert. Nach der Ursachenanalyse werden Maßnahmen festgelegt, um gegenzusteuern.

Ziel der Prozess-FMEA ist es, Risikoprozesszahlen zu bekommen, um den Prozess verbessern und den KVP-Prozess starten zu können.

 Ein Fallbeispiel aus der Verpackungsbranche

„Die Carl Edelmann GmbH, im Jahre 1913 gegründet, fertigt mit etwa 850 Beschäftigten in Heidenheim und Weilheim Faltschachteln aus Karton für die verschiedensten Einsatzzwecke. Die Kunden kommen heute nicht nur aus Deutschland: Das Unternehmen gehört in etlichen Marktsegmenten zu den Marktführern mit einer starken Position in Europa und den USA. Kunden und Wettbewerber sehen Edelmann als innovativen Vorreiter, sowohl im technologischen als auch im betriebswirtschaftlichen Bereich. Das Unternehmen gilt in Fachkreisen weltweit als der „Benchmarking-Partner" in der Verpackungs- und Druckbranche.

Bei vielen ersten Anwendungsbeispielen wird der Fehler begangen, die Lösung bereits seit langem anstehender Probleme mit einer neuen Qualitätstechnik anzugehen. Dies ist zwar verständlich, da jene Probleme den Praktikern besonders am Herzen lagen, aber mit der Wahl von zu komplizierten Einstiegsbeispielen ist der Misserfolg bereits vorprogrammiert. Denn die erhoffte Problemlösung stellt sich nicht ein." (Quelle: http://www.qm-trends.de/fb0501.htm#top)

Stellen Sie auch sicher, dass Sie beim Auftreten von Schwierigkeiten einen kompetenten Ansprechpartner bei Ihrem Zulieferer XY haben und wissen, wie dieser zu erreichen ist – vielleicht auch am Wochenende. Denn nur erkannte und richtig bewertete Risiken können vorbeugend bearbeitet und reduziert werden.

Die Projekt-FMEA – Projekt-Wissen speichern

Mit der Projekt-FMEA – dem „Wissen möglicher Projektrisiken" – planen Sie nicht nur Ihr neues Projekt. Sie können nach Projektende auch alle Erfahrungen, die Sie gemacht haben, reflexiv abbilden – und an der Erfahrung lernen.

Die Projekt-FMEA ist eine sehr hilfreiche Methode, mit der Sie Ihr Projekt nach hoffentlich erfolgreichem Abschluss quasi in seine Einzelbestandteile zerlegen können. Im Rahmen eines ➜ Lessons Learned Workshops entdecken Sie beispielsweise, dass

- dieser und jener Ablauf zu Störungen geführt hat,
- die Aufgaben, Kompetenzen und Verantwortung nicht sauber geregelt waren,
- dass es bei diversen Einzelaktivitäten innerhalb der Leistungsschnittstellenvereinbarung (LSV) haperte oder
- die Risikoprioritätszahlen höher waren als ursprünglich angenommen.

Um diese Art von Störungen bei künftigen Projekten im Vorfeld bereits zu vermeiden, müssen Sie dieses Wissen in der Projekt-FMEA hinterlegen. Denn auf diese Weise kann es in späteren Projekten genutzt werden kann – weil das Wissen dokumentiert worden ist. Maßnahmen, die Sie durchführen, um die RPZ zu reduzieren, führen zu einer Verbesserung der Standards in Ihrem Anlaufmanagement-System.

 Jede FMEA, auch die Projekt-FMEA, ist mehr oder weniger aufwändig in der initialen Durchführung, zugegeben. Der lässt sich allerdings dadurch reduzieren, indem Sie die Erkenntnisse und Erfahrungen, die Sie im Verlauf Ihres Projektes gewonnen haben, bei künftig auftretenden oder ähnlich gelagerten Problemen anwenden. Dies bedeutet, dass der Aufwand um ein Mehrfaches wieder eingespielt wird.

Methode	Organisation	Anlaufstrategie	Führungs-system	Störungs-management	Lieferanten-management	Unterstützungs-prozesse
FMEA	+	++	++	+++	+++	++

Tab. 8: Einfluss der Methode FMEA auf die einzelnen Handlungsfelder

Legende: +++ sehr starker Einfluss, ++ starker Einfluss, + geringerer Einfluss

4.9 Die Projektdokumentation
Dokumente sauber ablegen

Projektdokumentation ist mehr als nur der Abschlussbericht. Projektdokumentation ist die Summe der aktuellsten Informationen aus jeder Aktivität bzw. aus jedem Meilenstein.

155

Diese Informationen umfassen Angebote, Statusinformationen zu Zeichnungen, Stücklisten – „Ergebnisdokumente" im weitesten Sinne.

Projektdokumentation meint standardisierte Dokumentation, in einem Projektordner abgelegt und von allen Projektbeteiligten einsehbar. Dies kann software-, papier-, intranet- oder servergestützt via Dateibaumstrukturen der Fall sein. Welche Lösung für Ihr Unternehmen in Betracht kommt, müssen Sie entscheiden. Auch in Zeiten des „papierlosen Büros" hat sich gezeigt: Es gibt Fälle, in denen beispielsweise das QM-Handbuch nur noch im Intranet zu Verfügung steht – aber alle Fachabteilungen lassen sich regelmäßig die aktualisierte Version ausdrucken und mit der Hauspost schicken. Warum? Weil man sich nicht sicher ist, ob man im Intranet wirklich die aktuelle Version hat; weil es unterschiedliche Versionen gibt, die redundant sind; weil der Suchaufwand enorm ist und weil der Nutzen häufig nicht so recht gesehen wird.

 Auch beim Thema Projektdokumentation geht es um Effizienz. Die Daten und Informationen müssen aktuell sein und wenn nicht völlig redundanzfrei, so doch möglichst redundanzarm. „Redundanz" meint laut Duden Fremdwörterbuch: Überreichlichkeit, Überfluss, Üppigkeit. Abgewandelt auf unser Thema: dieselbe Information in unterschiedlichen Dokumenten (aber leider an unterschiedlichen Stellen); ein und dieselbe Information in zwei- oder dreifacher Ausführung. Die Folge: größerer Such- und Prüfaufwand.

Zum Thema Projektdokumentation gehört aber sicherlich auch ein wichtiges Dokument: der Abschlussbericht. Dem wollen wir uns noch kurz widmen.

Ende gut, alles gut?
So darf man wohl fragen. Viele Handbücher in Unternehmen fordern einen Projektabschlussbericht. So weit, so gut. Aber: Projektdokumentationen sind häufig nur oberflächlich ausgeführt. Sie beschränken sich darauf, standardisierte Kennzahlen zu erfassen bzw. die Projektergebnisse zu beschreiben. Abschlussberichte enthalten außer einer Gesamtbeurteilung des Projektes in der Regel auch eine Darstellung des Projektverlaufes, der -ergebnisse und besonderer Ereignisse.

Muster für einen Abschlussbericht
(in Anlehnung an Best 2003)

- Ausgangssituation beschreiben
- Hilfsmittel wie Fragebögen, Checklisten, Software nennen
- Vorgehensweise beschreiben
- Ziele und Kennzahlen schildern
- Maßnahmen erläutern, die ergriffen wurden
- Projektergebnis darstellen. Inwieweit wurden die Ziele erreicht?
- Alle Präsentationen über (Zwischen-)Ergebnisse in der Anlage beifügen

Begründungen, wie es zu Fehlschlägen oder besonders effizienten Lösungen im Projektverlauf kommen konnte bzw. wie man einzelne Probleme gelöst hat, bleiben jedoch regelmäßig unausgeführt. Von daher ist es nicht ratsam, Projekterfahrungen ausschließlich in Abschlussberichten zu verankern. Die Gründe aus unserer Sicht:

- Implizites Wissen wird nur unzureichend berücksichtigt, weil die meisten Abschlussberichte von ihrem Umfang her begrenzt und auf die Präsentation „harter" Informationen ausgerichtet sind.
- Schlüsselerfahrungen weisen einen unterschiedlichen Detailliertheitsgrad auf und stehen häufig in keinem Verhältnis zum Gesamtumfang.
- Der Abschlussbericht ist häufig ein Dokument, das auch dem Kunden zugänglich ist. Schlüsselerfahrungen besitzen aber eher einen internen Charakter, von daher besteht kein Interesse, prozedurales Wissen oder die Erkenntnisse, die aus Fehlern resultieren, Externen zugänglich zu machen.
- Abschlussberichte können bei strategischen Projekten unter Verschluss gehalten werden. Dies muss aber für die Erfahrungen, die im Projektkontext gewonnen wurden, nicht unbedingt zutreffen.

Aber sicherlich wollen Sie auch das implizite Wissen herausgearbeitet haben – das Wissen in den Köpfen, Erfahrungswissen sozusagen. Dann sind die folgenden Fragestellungen sinnvoll:

- Können wir die kritischen Erfolgsfaktoren beschreiben?
- Bestand ein einheitliches Verständnis über den Projektauftrag?
- Haben die Teammitglieder alle Informationen erhalten, die sie benötigt haben?
- Welche Probleme traten auf? Und wie wurden sie bewältigt?
- Traten unerwartete Probleme auf, die zu einem früheren Zeitpunkt bereits hätten erkannt werden können?
- Wurden alle Teammitglieder in das Projekt eingebunden?
- Wurde die Zeit- und Ressourcenplanung eingehalten?
- Welche persönlichen Lehren hat das Team aus dem Projekt gezogen?

Methode	Organisation	Anlaufstrategie	Führungssystem	Störungsmanagement	Lieferantenmanagement	Unterstützungsprozesse
Projektdokumentation	++	+	+++	+++	+++	+++

Tab. 9: Einfluss der Methode Projektdokumentation auf die einzelnen Handlungsfelder

Legende: +++ sehr starker Einfluss, ++ starker Einfluss, + geringerer Einfluss

4.10 Der Lessons Learned Workshop
Aus Fehlern lernen

Projekte sind aufgrund ihres besonderen Charakters als Orte des Lernens nicht besonders geeignet. Etwas zugespitzter formuliert könnte man sogar sagen, Projekte sind äußerst lernfeindlich. Und auch bei Anlaufprojekten lautet eines der großen Probleme: Wissensverlust. Und wie kommt es dazu? Weil die Erfahrungen, die an einzelne Personen gebunden sind, im Verlauf der Projektabwicklung nicht in der Organisation verankert werden. Weil die Projektmitglieder nach Beendigung ihrer Aufgabe zu ihrer angestammten (Linien-)Funktion zurückkehren. Gesammelte Erkenntnisse bleiben dann häufig nur noch über informelle Netzwerke zugänglich.

Ein Blick in den Unternehmensalltag lehrt auch, dass Erfahrungen häufig nicht systematisch abgeleitet werden, sondern überwiegend im Rahmen informeller Zusammenkünfte oder am Rande von formal vorgesehenen Veranstaltungen wie Gremiensitzungen. Warum, so wird man sich fragen, werden Erfahrungen nicht dokumentiert? Die Gründe aus unserer Sicht:

- Am Projektende besteht meist ein hoher Fertigstellungsdruck, neue Aufgaben warten bereits auf das auseinanderstrebende Team.
- Die beteiligten Personen zeigen nur mangelnde Bereitschaft, aus Fehlern zu lernen.
- Kommunikation über Erfahrungen bleibt aus – sei es aus falscher Bescheidenheit (bei positiven Erfahrungen), sei es aus Angst vor Sanktionen (wenn Fehler gemacht wurden).
- Es gibt keine systematische Erhebung von Erfahrungen, weil es an Methodenwissen mangelt.
- Mitarbeiter sehen den Nutzen einer Kodifizierung nicht und halten es für effizienter, Wissensträger direkt anzusprechen.

Die Herausforderung
Aber: Erworbenes Projektwissen zu „konservieren" und weiterzugeben ist wichtig. Keine Frage. Nur so kann ein unerwünschter Wissensabfluss vermieden werden. Aber nicht nur das. Es gilt auch, genau diese Erfahrungen bei künftigen Projekten gewinnbringend zu nutzen. Werden Erfahrungen im Unternehmen verankert, können nicht nur Parallelen gezogen und Probleme effizienter gelöst werden, nein: Unternehmen können auch langfristig Projektkompetenzen aufbauen und Wettbewerbsvorteile erzielen.

Wissensmanagement ist ein heißes Thema. Hier gehen die Meinungen weit auseinander. Macht nichts. Wir wollen kein Buch über Wissensmanagement schreiben – aber wir wollen deutlich machen, wie wichtig das Thema „Projekterfahrungen dokumentieren und weitergeben" ist. Und dass es immer wichtiger wird, steht außer Zweifel. (Von daher kann man in diesem Zusammenhang durchaus von Projektwissensmanagement sprechen.)

Vielerorts wird diese Erfordernis ignoriert. Die Gründe liegen auf der Hand: Viele Mitarbeiter, vielleicht sogar alle, sind schon wieder in neuen Projekten oder in ihrer ursprünglichen Aufgabe tätig. Oder die Beteiligten halten Wissensmanagement für überflüssig oder mit ihren Erfahrungen bewusst hinter dem Berg. Man will schließlich den Wissensvorsprung gegenüber Kollegen nutzen...

Aber im Ernst: Es geht an dieser Stelle nicht darum, ein unternehmensweites Wissensmanagement zu implementieren. Worum es geht: die gewonnenen Erfahrungen aus dem abgeschlossenen Projekt zu konservieren, zu dokumentieren und anderen zugänglich zu machen. Denn auf diese Weise bleibt Know-how erhalten, auch wenn Leute aus dem Projektteam das Unternehmen verlassen. Außerdem vermindern sie die Gefahr, das Rad immer wieder neu zu erfinden. Und es werden Fehler vermieden (hoffentlich), die andere bereits gemacht haben.

Projekterfahrungen strukturiert dokumentieren

Die Frage lautet also: Welches Wissen gewinnt ein Projektteam, in dem intensiv an den unterschiedlichsten Aufgabenstellungen gearbeitet hat? Eine Unterscheidung trifft die folgende Tabelle (Tab. 10). Sicherlich haben Sie schon einmal davon gehört, dass man beim Thema „Wissen" zwischen explizitem und implizitem Wissen unterscheidet. „Explizit" meint bekanntlich leicht codierbares und transferierbares Wissen, „implizit" hingegen das Wissen, das an eine Person gebunden ist und vom persönlichen Erfahrungskontext abhängt. Letzteres kann nur schwierig verbalisiert und weitergegeben werden. In der Praxis lassen sich die beiden Formen nicht immer exakt trennen, weshalb wir uns in der rechten Spalte der Tabelle ganz einfach mit der Angabe „überwiegend explizit oder implizit" begnügen, um den Trend anzudeuten.

Art des Wissens	Inhalt	Form des Wissens
Wissen über Fachinhalte	Detailwissen über Prozesse, Tätigkeiten, IT-Systeme	überwiegend explizit
Hintergrundwissen	Wissen über Kunden- und Marktanforderungen, Wettbewerber, Kennzahlen, Performance	überwiegend explizit
Methodenkompetenz	Erfahrungen, welche Methoden wie am besten funktionieren	ungefähr gleich implizit und explizit
Wissen über informelle Strukturen	Erfahrung, welche informellen Beziehungen zwischen Personen herrschen, wo die Spezialisten sind etc.	überwiegend implizit

Tab. 10: Art und Inhalt von Wissen, das während der Projektlaufzeit gewonnen wurde

Es zeigt sich in der Praxis, dass es hilfreich ist, schon während der Projektlaufzeit gesammelte Erfahrungen zu dokumentieren. Als Tipp seien die folgenden Erfolgsfaktoren genannt, die den Wissenstransfer einfacher machen:

- Erfassen Sie regelmäßig die wichtigsten Projekterfahrungen direkt nach wichtigen Meilensteinen, und zwar am besten mit dem ganzen Projektteam.
- Lassen Sie die Erfahrungsauswertung durch einen neutralen Moderator durchführen – nicht durch den Projektleiter oder einen der Mitarbeiter.
- Sammeln und strukturieren Sie die Erfahrungen entlang eines Zeitstrahls (am besten grafisch), und dokumentieren Sie diese Erfahrungen für alle sichtbar, beispielsweise auf einem Poster.
- Lassen Sie die Einzelerfahrungen kollektiv bewerten, analysieren und gemeinsam plausibilisieren.

Wissen entwickeln

Bei Lessons Learned Workshops wird bewusst Wissen im Rahmen von Betrachtungen nach Beendigung eines Projektes entwickelt. Dieses Wissen soll dann im Vorfeld und während der Projektdurchführung anderer Projekte allen Teammitgliedern komprimiert bereitgestellt werden.

Hier geht es vorrangig um Schlüsselerfahrungen. Lessons Learned Workshops eignen sich besonders für wissensintensive, komplexe und interdisziplinäre Projekte (trifft auf Anlaufprojekte zu!). Um Schlüsselerfahrungen abzuleiten, verwenden wir in unseren Workshops drei Leitfragen (siehe Abb. 27) und machen zunächst einmal eine Kartenabfrage.

Abb. 27: Drei Leitfragen

Frage 1: Was lief gut?
Welche Instrumente wurden dabei benutzt?
Was haben wir gelernt?
…

Frage 2: Was lief schlecht?
Wie ist der Lösungsweg zustande gekommen?
Welche Schwierigkeiten gab es dabei?
…

Frage 3: Wie können wir es besser machen?
Wie hätten wir es besser machen können?
…

Wir empfehlen, Schlüsselerfahrungen aus dem Projekt zu hinterfragen und das Wissen in die Projekt-FMEA zu integrieren.

Um einen Lessons Learned Workshop durchführen zu können, müssen zunächst einmal alle relevanten Know-how-Träger des Projektes an einen Tisch gebracht werden – häufig gar kein so leichtes Unterfangen. Sie sind die Hauptinformanten, ihr Wissen muss zusammengetragen und strukturiert werden. Die Moderation übernimmt idealer Weise ein projektexterner, sprich: neutraler Moderator, der den Workshop strukturiert und überwacht.

In einem Lessons Learned Workshop können sich alle Beteiligten über ihre persönliche Einschätzung austauschen, das Vorgehen, künftige Do's and Dont's, was sie anders machen würden ... wo Fehler gemacht wurden. Wir empfehlen, diesen Workshop möglichst zeitnah am Projektabschluss durchzuführen. Dieser Workshop muss gar nicht lange sein (nach unserer Erfahrung ca. zwei bis drei Stunden). Wenn an diesem Workshop dann auch noch Mitarbeiter teilnehmen, die zwar nicht im Projektteam waren, deren eigene Arbeit jedoch von den Erfahrungen profitieren kann, haben Sie den ersten Schritt vollzogen, Wissen zu vermitteln, zu transferieren, wie es neuhochdeutsch auch heißt.

Ein anderer Weg ist, den Anteil der Wissensträger dadurch zu erhöhen, dass ab dem Projektstart ausgesuchte Mitarbeiter in das Projekt integriert werden. Auf diese Weise müssen Sie nicht den Versuch unternehmen, das schwer Dokumentierbare (lies: implizites Wissen) in Text und Bild zu erfassen. Aber wir geben zu: Es ist eine begrenzte Maßnahme. Schließlich können Sie Ihr Projektteam nicht unendlich groß machen…

Nur wer die Tücken und Lücken kennt
Das Resultat eines Lessons Learned Workshops sind nicht nur Handlungsanweisungen, wie künftig Fehler vermieden werden können und wie die Projektarbeit optimiert werden kann. Das Resultat sind auch neue Erkenntnisse über das Projektthema und seine Tücken und Gefahren.

Die häufigsten Probleme, die sich im Unternehmensalltag ergeben, um einen solchen Lessons Learned Workshop durchzuführen, sind administrativer Art – insbesondere einen Termin zu finden, die Rollenaufteilung und die Art der Dokumentation. Aber: wird die Erfahrungssicherung kontinuierlich und nicht nur punktuell betrieben, verschwinden diese Schwierigkeiten relativ rasch.

Methode	Organisation	Anlaufstrategie	Führungs-system	Störungs-management	Lieferanten-management	Unterstützungs-prozesse
LL-Workshop	+	+	+	+	+	+

Tab. 11: Einfluss der Methoden auf die einzelnen Handlungsfelder

Legende: +++ sehr starker Einfluss, ++ starker Einfluss, + geringerer Einfluss

4.11 Reifegrad-Controlling
Transparenz über Produkt und Prozess erhalten

Erfolgreiche Unternehmen haben strukturierte Reifegrad-Controlling-Instrumente. Diese geben verlässlich Auskunft über die Zielkosten, die Zielerfüllung, die Lieferfähigkeit vorgelagerter Lieferanten und den Produktreifegrad. Das Ziel lautet: Absicherung des Projektes, Transparenz hinsichtlich Zielerreichung und Risiken schaffen. Die Anforderungen lauten:

- Transparenz über den Entwicklungsstand haben
- Frühzeitig Zielabweichungen und Risiken erkennen
- Trendverläufe und Prognosen vorhersagen
- Ergebnisse erhalten, die leicht interpretierbar und verständlich dargestellt sind, um sie in den verschiedenen Gremien zu nutzen.

Die Methode des Produktreifegrades, Teil des Projektmanagement-Regelkreises, unterstützt das klassische Projekt-Controlling auf effiziente Weise (Scharer 2002, S. 19). Bei dieser Methode handelt es sich um einen Ansatz, mit dessen Hilfe die Qualität beeinflusst werden kann und Qualitätsziele umgesetzt werden. Diese Methode steht deshalb in engstem Zusammenhang mit dem produktorientierten Qualitätsmanagement und der QFD-Methode. In der folgenden Abbildung wird diese Methode im Zusammenhang dargestellt.

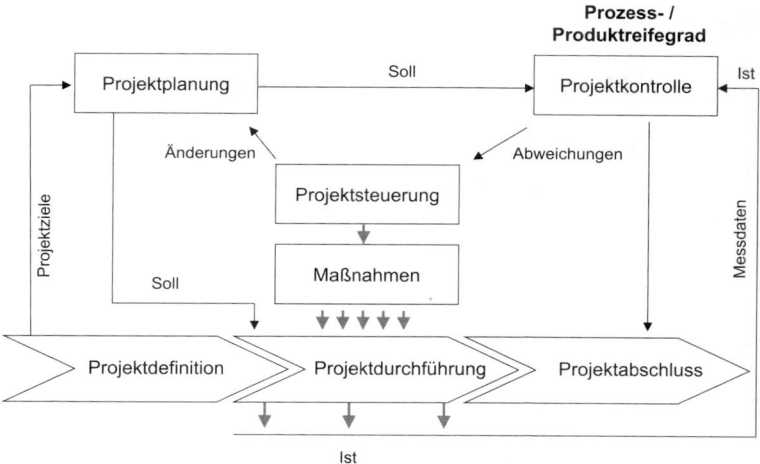

Abb. 28: Produktreifegradmethode im Projektmanagement-Regelkreis

Unter Produktreife versteht man die zeitliche Entwicklung des Produktes im Hinblick auf die festgelegten Projektziele. Als Ergebnis liefert die Produktreifegrad-Methode einen zeitpunktbezogenen Soll/Ist-Vergleich in einem Entwicklungsprojekt.

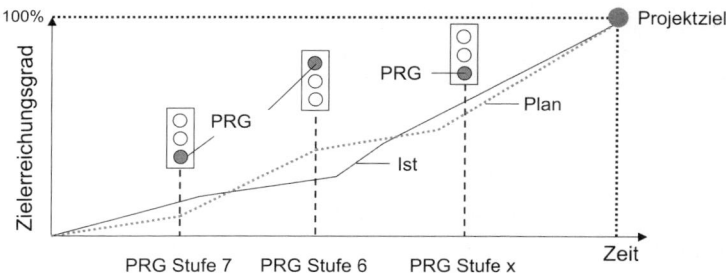

Abb. 29: Beispiel für die Ermittlung eines Produktreifegrades auf Basis des Zielerreichungsgrads

Bei dieser Methode wird der Zielerreichungsgrad nicht mit Prozentzahlabweichungen expliziert – weil dies als eine Vorspiegelung nicht vorhandener Genauigkeiten gesehen und deshalb als ungeeignet eingestuft wird. Die „Philosophie" bedient sich vielmehr der Einschätzung der am Projekt beteiligten Experten von vergangenheits- und zukunftsorientierten Produktreifegrad-Indikatoren. Das breite Spektrum an Erfahrungswissen kann dabei gezielt für die Projektsteuerung genutzt werden. Dabei wird jeweils der aktuelle Status des Reifegrades in Bezug auf den Projektanfang und das Projektende gesehen. Die Indikatoren sind eine Beschreibung der wichtigsten Ziele (z.B. technische Anforderungen).

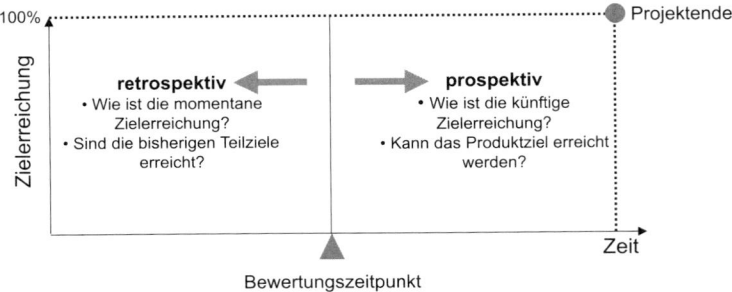

Abb. 30: Die vergangenheitsbasierte und zukunftsorientierte Betrachtung

Die eher subjektive Bewertung der Indikatoren erfolgt durch Experten mit Hilfe einer 5-stufigen Ampelskala (siehe Abb. 31). Mit dieser Ampel werden die wesentlichen Indikatoren bewertet und zu einem Endergebnis zusammengeführt.

Für das gesamte Anlaufprojekt werden regelmäßige Bewertungszeitpunkte festgelegt. Diese können entweder in festen Zeitabständen oder nach Ende bestimmter Phasen angesetzt werden.

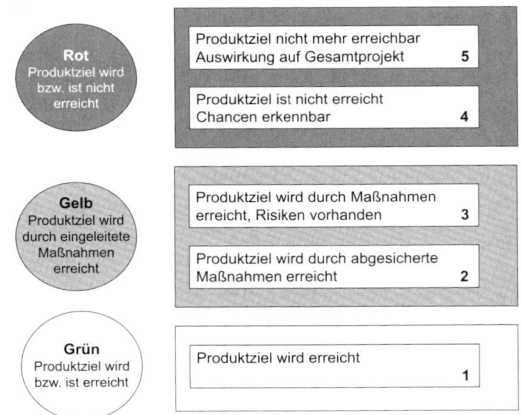

Abb. 31: Ampelskala mit fünf Bewertungsstufen

Projektspezifisch konzipierte Produktentstehungsprozesse funktionieren nur, wenn die verschiedenen Entwicklungsmodule in den einzelnen Entwicklungsphasen alle jeweiligen Reifegrade (Entwicklungsstände) objektiv und wahrheitsgetreu bewertet und kommuniziert werden. Quality-Gates, Freigaben und Ampellisten helfen nur, wenn auch der Langsamste im Produktentstehungsprozess offen und der Wahrheit entsprechend kommuniziert.

Extrem kurze Anlaufphase

Die C-Klasse, die im Jahr 2000 im Markt eingeführt wurde, stellte die erste, durchgängig nach den Prinzipien des Mercedes Produktionssystems gefertigte Modellreihe von Mercedes-Benz dar. Die Sindelfinger Autobauer erzielten bei der C-Klasse bereits im ersten Fertigungsjahr eine Produktivitäts-Steigerung um 40 Prozent – gleichzeitig konnte der Materialbestand an den Montagebändern um 70 Prozent reduziert werden. Bei den Produktivitätswerten schlug auch die extrem kurze Anlaufphase zu Buche. Bereits nach sechs Monaten erreichte die C-Klasse-Fertigung die Kammlinie. Mittlerweile sind bei Mercedes-Benz Anlaufzeiten von dreieinhalb Monaten die Regel.

„Das Mercedes-Benz-Produktionssystem wird seiner Zielsetzung voll gerecht, Prozesse und Effizienz zu verbessern", bestätigt Helmut Petri, Produktionsvorstand bei Mercedes-Benz anlässlich des Produktionsrekords von 100 000 E-Klasse-Modellen in den ersten sechs Fertigungsmonaten ab ‚Job Number One'. Der Produktionsrekord gilt als Ergebnis konsequenter Prozessoptimierung und damit auch der Straffung der Abläufe. „Trotz deutlich gestiegener Serienausstattung wird das neue Modell im Vergleich zum Vorgänger in einer um 20 Prozent kürzeren Zeit produziert," erläutert Prof. Dr. Eberhard Haller, Leiter Produktionsplanung bei Mercedes-Benz Pkw. (Quelle: http://www.auto mobil-produktion.de/themen/00621/index.php)

Die Entwicklungsdauer und der zugehörige Produktreifegrad hängen wesentlich davon ab, wie schnell Rechenmodelle und deren Visualisierung (virtuelle Prototypen) sowie physische Prototypen verfügbar sind. Erst anhand dieser sichtbaren, aktuellen Ergebnisse des laufenden Entwicklungsprozesses kann eine effektive Kommunikation der Experten untereinander und/oder mit Kunden erfolgen. Dies führt nicht nur zu einer deutlichen Verkürzung der Entwicklungszeit, sondern auch zur Steigerung der Produktqualität.

Was für den Reifegrad des Produktes gilt, gilt auch für den Prozess. Je näher Sie an den SOP kommen, desto sicherer müssen Ihre Prozesse „stehen". Nun geht es um Fragen der Performance (Stichwort: run & rate), um Durchlaufzeit und Takte, um qualitätssichernde Maßnahmen im Prozess.

Methode	Organisation	Anlaufstrategie	Führungs-system	Störungs-management	Lieferanten-management	Unterstützungs-prozesse
Reifegrad-Controlling	+	+	+++	+++	+++	+

Tab. 12: Einfluss der Methode auf die einzelnen Handlungsfelder

Legende: +++ sehr starker Einfluss, ++ starker Einfluss, + geringerer Einfluss

Kapitel 5
Prozesse entwickeln – intern und extern

5.1 Der Weg zum anlaufrobusten Produktionssystem
Interne Prozessentwicklung

Die Herausforderung, der sich in Deutschland nicht nur die Serienfertiger, sondern mehr oder weniger alle Unternehmen im produzierenden Bereich zu stellen haben, lautet: Wie kann in einem Hochlohnland wie Deutschland wettbewerbsfähig produziert werden? Die Antworten auf diese Frage sind in den letzten Jahren sehr unterschiedlich ausgefallen. Ein Königsweg bei der Beantwortung dieser Frage steht bisher aus. Nach wie vor wird für den Standort Deutschland ein tragfähiges wettbewerbsfähiges Produktions- und Arbeitskonzept gesucht.

Diese Situation hat zur Folge, dass im täglichen Produktionschaos oft kreative Improvisation und Entscheidungsfreude das Bild bestimmen. Im Hinblick auf die Sicherung einer langfristigen Wettbewerbsfähigkeit ist ein derartiger, an die Situation angepasster Pragmatismus freilich wenig zielführend. Gefragt sind methodische und systematische Vorgehensweisen.

Unter dem Label „Schlanke Produktion" haben viele Unternehmen in den vergangenen Jahren Veränderungsprozesse in die Wege geleitet. Fakt ist allerdings: Die eingesetzten Methoden und Instrumente wurden einzeln, unabgestimmt und isoliert umgesetzt und verfolgt. Entsprechend unbefriedigend fielen die Ergebnisse aus. Vor diesem Hintergrund ist die Konzeption und Ausgestaltung von Ganzheitlichen Produktionssystemen zu sehen.

Was ist ein Ganzheitliches Produktionssystem?
Ein Produktionssystem entsteht, indem Organisation, Mitarbeiter und Methoden optimal zusammenspielen. Werden Methoden isoliert eingesetzt, verpufft ihre Wirkung. Werden sie jedoch aufeinander abgestimmt, entsteht maximale Wirkung – ein ganzheitliches Produktionssystem.

Ganzheitlich meint die umfassende Betrachtung aller Aufgabenstellungen des Produzierens: neben Fertigen und Montieren auch die Disposition, Logistik, Planung und Steuerung, Wartung und Instandhaltung sowie die Qualitätssicherung. Das Ziel lautet, eine Leistungserfüllung zu erzielen, die über alle Aufgaben hinweg durchgängig und strategiekonform ist.

Was ist das Neue an Ganzheitlichen Produktionssystemen?
Kurz gesagt: Es sind nicht die Inhalte, sondern deren sinnvolle Verknüpfung, Standardisierung und kontinuierliche Verbesserung. Das zentrale Ziel lautet, kundenorientiert und wirtschaftlich zu produzieren. Dabei wird kein neues Programm aufgelegt. Bereits Vorhandenes, ergänzt um zusätzlich Erprobtes, dient als flexibler und anpassungsfähiger Standard. Die Hauptvorteile sind:

- Wirkungsvolle und aufeinander abgestimmte Methoden werden gebündelt,
- in die Organisation, das Führungssystem und die Prozesslandschaft integriert und
- in standardisierter Form flächendeckend realisiert – im eigenen Unternehmen, aber auch unternehmensübergreifend in der Zulieferkette.

Die Automobilhersteller sowie deren große Zulieferer haben sich als erste für die Entwicklung und Einführung von Produktionssystemen entschieden. Die Erfahrungen beim Thema „Lean Production" zeigen: Die nächsten sind bereits Unternehmen der Zulieferkette. Andere Branchen werden sicherlich bald nachziehen.

Erfolg überzeugt. Und nachhaltigen Erfolg können Unternehmen vorweisen, die ein Ganzheitliches Produktionssystem konsequent realisiert haben. Ungewöhnlich ist insbesondere die Steigerung der Leistungsdaten und der Wirtschaftlichkeitskennzahlen. Auch die Zufriedenheit bei Kunden und Mitarbeitern spricht für sich. Sicherlich ist der erste Zugang zu Ganzheitlichen Produktionssystemen nicht ganz einfach. Die umfassende Organisation eines Produktionsunternehmens stellt eine komplexe Aufgabe dar. Auf den zweiten Blick wird aber schnell deutlich, dass es sich um praxisgerechte und bewährte Konzepte und Lösungen handelt, die oftmals sehr einfach sind und die Schritt für Schritt realisiert werden können.

Dies die „Theorie".

Wie ein solches Ganzheitliches Produktionssystem konkret aussieht, wollen wir Ihnen am Beispiel des catem Produktionssystems und der Siemens AG, Gerätewerk Erlangen, zeigen.

Das catem Produktionssystem (CPS) besteht aus sieben Subsystemen, den zentralen Bausteinen sowie einer Vielzahl von Prinzipien, Tools und Werkzeugen (siehe Abb. 1). Die Subsysteme mit ihren Unterbausteinen werden in regelmäßigen Abständen auditiert und sind Basis für eine kontinuierliche Verbesserung im Rahmen des COP (= „catem optimiert Prozesse"). Die Inhalte der Subsysteme basieren jeweils auf Leitsätzen, die die Grundgedanken des jeweiligen Bausteins beschreiben.

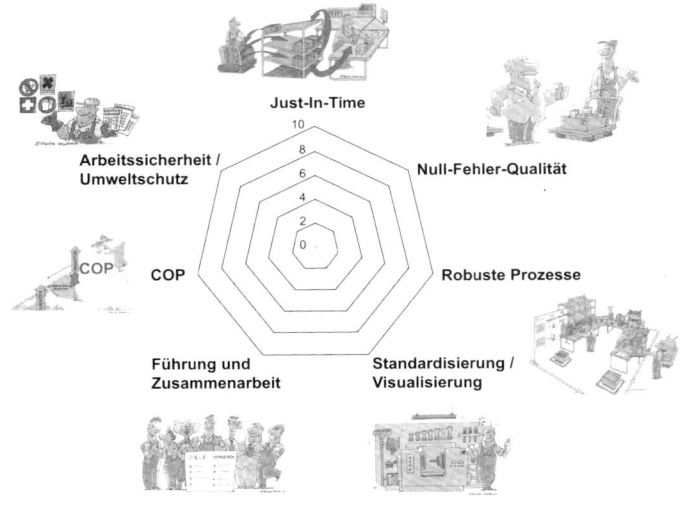

Abb. 1: Das catem Produktionssystem (CPS)

„Das Geschäftsgebiet A&D MC (Motion Control) Systems der Siemens AG stellt Motion-Control-Lösungen und Produkte zur Automatisierung von Produktionsmaschinen in unterschiedlichen Branchen, Ausführungen und Anwendungen bereit. Die Geschäfts-strategie des Bereiches beinhaltet die nachhaltige Steigerung der Produktivität, Wettbe-werbsfähigkeit und Profitabilität ihrer Kunden und Endkunden. Weltweit arbeiten ca. 5.300 Mitarbeiter in Entwicklung, Vertrieb und Fertigung an der Erfüllung dieses Zieles. A&D MC berät, unterstützt und begleitet die Kunden mit Produkten bzw. Systemen, Lösungen und Dienstleistungen von der Maschinenidee über den Bau bis zum Einsatz der Maschinen in der Fertigung. Die Zentrale des Geschäftsfeldes liegt in Erlangen. Dort werden auch CNC-Steuerungen und Antriebe produziert." (Spath 2003, S. 150)

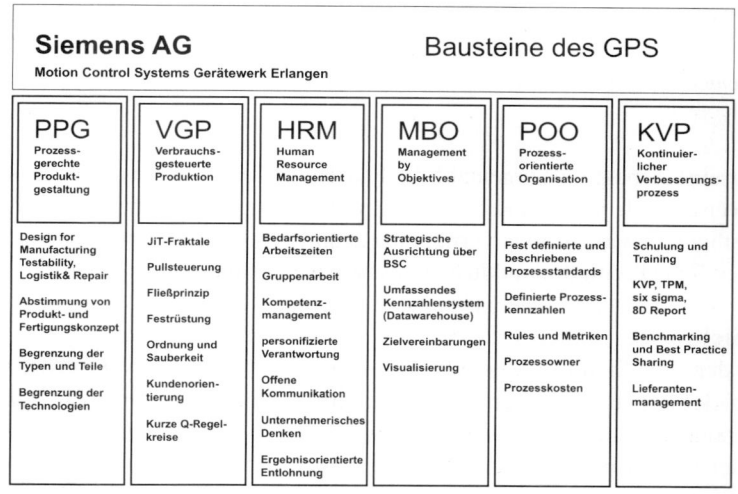

Abb. 2: Das GPS der Siemens AG, Gerätewerk Erlangen (Quelle: Spath 2003)

In der Abbildung oben sehen Sie in den beiden Bausteinen rechts Stichworte, die in früheren Kapiteln gefallen sind: Visualisierung, personifizierte Verantwortung, Schulung und Training, Prozessstandards, Lieferantenmanagement.

Sie sehen: Im Zusammenhang mit Produktionssystemen laufen viele Dinge bereits parallel. Warum also nicht hier ansetzen und die Potenziale nutzen – anstatt dieselben Fehler wieder zu machen?

Die alte Sichtweise

„Wie organisiere ich mein Produktionsunternehmen so, dass es die Kundenanforderungen zuverlässig erfüllt?" Ausgehend von dieser Frage war man bisher bestrebt, den eigentlichen Produktionsbereich eines Unternehmens auf effizienten Betrieb zu trimmen. Und gerade diese Sichtweise birgt ein Problem: Die Fokussierung auf die Betriebsphase greift zu kurz (siehe Abb. 3).

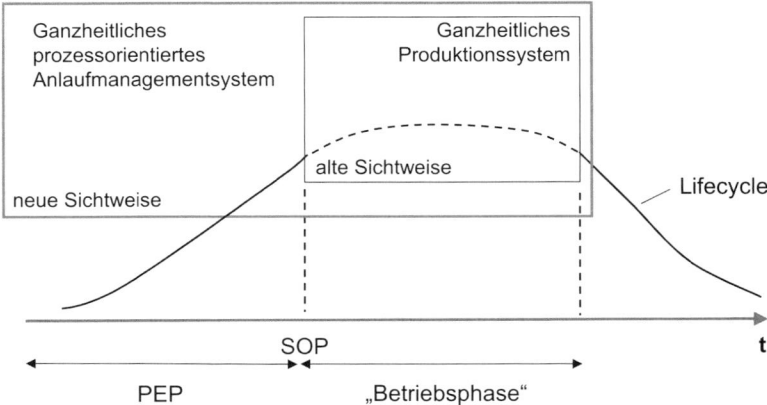

Abb. 3: Zusammenhang zwischen alter und neuer Sichtweise

Dies ist der eine Aspekt – bezogen auf die Phasen im Lebenszyklus eines Produktes. Die alte Sichtweise greift jedoch auch in räumlicher Hinsicht zu kurz. Viele „Produktionssystem-Methoden" wirken im Unternehmen „von Rampe zu Rampe" und sind somit eng auf die eigentliche Produktion inklusive Logistik beschränkt.

Die neue Sichtweise

Der Fokus der alten Sichtweise ist sowohl in räumlicher als auch in zeitlicher Hinsicht zu eng. Beispiel Logistik: Fehlerursachen und Kostentreiber liegen häufig außerhalb der eigenen Produktion und sind mit den Mitteln des internen Wertstromdesigns nicht zu beseitigen. Der Blickwinkel muss auf die Lieferanten und deren Produktion bzw. Logistik ausgedehnt werden. Davon wird in Kapitel 5.2 die Rede sein.

In den vorhergehenden Abschnitten haben wir viel vom Produktentstehungsprozess (PEP) gesprochen. Wir haben festgestellt, dass wirkungsvolles Anlaufmanagement den gesamten PEP betrachten muss. Gleiches gilt für die Prinzipien des Produktionsmanagements: Ihr Einsatz muss über die eigentliche Betriebsphase hinausgehen und muss den gesamten Lebenszyklus umfassen. Und zum Lebenszyklus gehört eben der Anlauf, der Betrieb, der Auslauf und die „Nachsorge". Das ist eine unangenehme Nachricht, bedeutet es doch, die Geschäftsprozesse wirklich phasenübergreifend zu entwickeln – von der ersten Definition eines Produktes bis zur Ersatzteilversorgung. Erst wenn dies gewährleistet ist, kann man mit Recht von einem anlaufrobusten oder gar Ganzheitlichen Produktionssystem sprechen. Zwischenfazit: Die Verzahnung von Ganzheitlichen Produktionssystemen und dem Anlaufmanagementsystem ist die logische Konsequenz.

„Anlaufrobustes Produktionssystem" heißt konkret: Prinzipien des Ganzheitlichen Produktionssystems auf das Anlaufmanagement zu übertragen – immer da, wo dies sinnvoll ist. Aus dem Umfeld des „Weltklasse-Produktionssystems" stehen uns zahlreiche Methoden und Prinzipien zur Verfügung. Einige davon in aller Kürze:

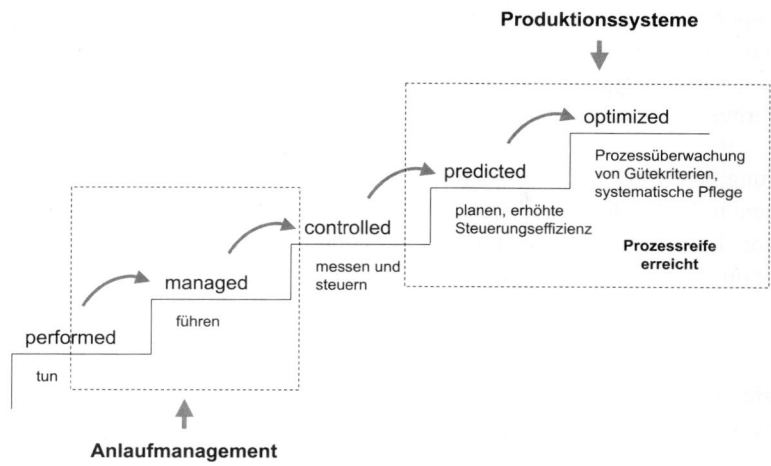

Abb. 4: Fünf Stufen der Prozessexzellenz

- **Robuste Prozesse: Qualität produzieren**
  Es gibt in Unternehmen eine Mentalität, die als „Aschenputtelsyndrom" bezeichnet wird. Der Begriff besagt: Am Ende des Prozesses wird aussortiert, welche Produkte in den Ausschuss, welche in die Nacharbeit und welche zum Kunden kommen. Die Aufgabe lautet jedoch, Produkte und Leistungen zuverlässig zu produzieren und ohne Fehler an den Kunden zu liefern. Dazu benötigen Unternehmen robuste Prozesse.

- **Visualisierung: Botschaften anschaulich machen**
  Visualisierung verbessert und vereinfacht den internen Kommunikationsprozess. Ziele und Vorgaben werden verdeutlicht und Abweichungen vom „besten Weg" hervorgehoben. Auf diese Weise schaffen Sie Transparenz, geben den Mitarbeitern klare Anleitungen und machen Fehler sofort sichtbar.

- **Den besten Weg zum Standard machen**
  Standards zeigen auf, in welcher Art und Weise ein Arbeitsprozess ausgeführt wird. Gute Lösungen werden im ganzen Unternehmen verbreitet. Sie entwickeln gemeinsam mit Ihren Mitarbeiten optimierte Standards. So steigern Sie die Produktivität und Zuverlässigkeit der Prozesse und erzielen eine höhere Qualität. Zum Thema Standard gehört auch das Thema „Lessons Learned" – die systematische und standardisierte Dokumentation von Wissen, das in Anlaufprojekten generiert wurde.

- **KVP: Das Ideenpotenzial aller nutzen**
  Kontinuierliche Verbesserung ist integraler Bestandteil eines Produktionssystems. Das Ziel lautet: die Wettbewerbsfähigkeit eines Unternehmens zu steigern – mit dem

Ideenpotenzial aller Mitarbeiter. Die Wünsche des Kunden stehen dabei im Mittelpunkt. Alles andere ist Verschwendung. Dazu muss das Ideenpotenzial aller Mitarbeiter ausgeschöpft werden, um die Qualität der Prozesse und Produkte ständig zu verbessern sowie die Liefertreue und die Produktivität zu erhöhen.

Die Richtung, in die es geht, ist eindeutig: *Aufgabe Nummer 1* lautet, dass Sie das Anlaufmanagement in Ihr Produktionssystem integrieren müssen. *Aufgabe Nummer 2* lautet, dass Sie auch Ihre Lieferanten noch viel stärker integrieren, fördern und fordern müssen. Damit wollen wir uns im nächsten Abschnitt beschäftigen.

5.2 Lieferanten entwickeln
Externe Prozessentwicklung

In Kapitel 3 haben wir immer wieder darauf hingewiesen, wie elementar das Thema Lieferantenmanagement ist. In diesem Abschnitt wollen wir uns dieses Thema noch etwas näher ansehen.

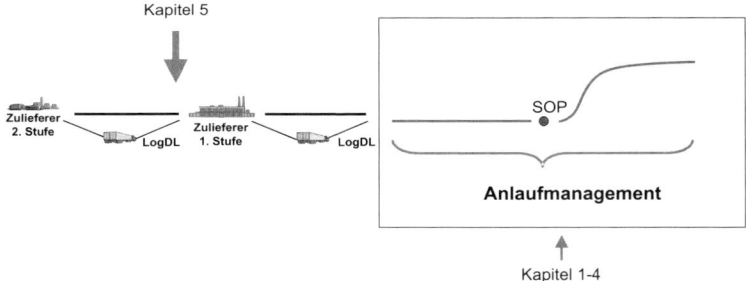

Abb. 5: Der Fokus in diesem Abschnitt

Die heutige Zusammenarbeit: Hierarchie
Heute ist die Zusammenarbeit zwischen dem Serienfertiger und seinen Zulieferern vielfach noch stark hierarchisch geprägt (siehe Abb. 6). An der Spitze der Pyramide steht der Serienfertiger, darunter kommen dann die Lieferanten der ersten, zweiten und dritten Stufe.

Die künftige Zusammenarbeit: Netzwerk
Die künftige Zusammenarbeit ist eine ganz andere. Hier wird die Wertschöpfungskette zum Wertschöpfungsnetzwerk, und es werden die Potenziale in den vorgelagerten Wertschöpfungsstufen ausgeschöpft.

Netzwerke „konfigurieren" sich je nach Aufgabenstellung und Marktsituation immer wieder neu, sind nie statisch, sondern in höchstem Grade dynamisch. Integrationskompetenz der Serienhersteller ist von strategischer Bedeutung – und muss konsequent weiterentwickelt werden. Planungshoheit und Planungs-Know-how bleiben zumeist beim Serienhersteller. Je nach Netzwerk werden einem ausgewählten Generalunternehmer Partner vorgegeben, oder man wählt aus einem „Cluster" das leitende Unternehmen. Dabei sagen die Hersteller nicht, „wie es gehen soll" – sondern was sie haben wollen. Sie entwickeln Innovationskompetenzen weiter und binden ihre Lieferanten ganz früh ein.

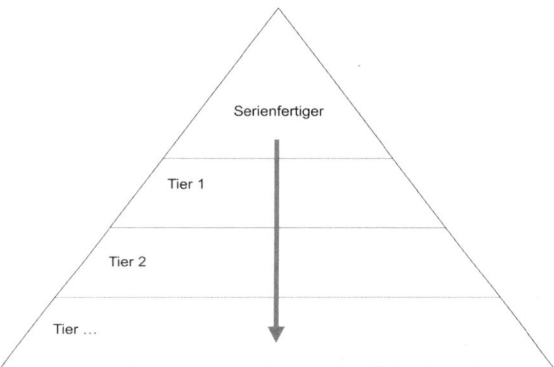

Abb. 6: Die hierarchische Form der Zusammenarbeit

Wichtige Stichworte in diesem Zusammenhang sind:

- Netzwerkmanagement
- Wertschöpfungspartnerschaft
- Strategischer Einkauf
- Collaboration
- Komplexitätsentwicklung und „Lieferantenreduktion"
- Integration qualifizierter strategischer Partner

Netzwerkmanagement
Viele Fachleute sprechen in der Zwischenzeit nicht mehr von einer Wertschöpfungskette, sondern von einem Wertschöpfungs*netzwerk*. Dies ist auch richtig und trifft den Sachverhalt viel besser. Dieses Netzwerk erfordert ein Netzwerkmanagement. Denn bei genauerem Hinsehen sind noch immer Schwachstellen und Defizite zu erkennen:

- Prozesse werden (noch immer) an historisch gewachsenen Strukturen ausgerichtet.
- Ein Standardprozess kann nur unter häufiger Frequentierung von Notfallkonzepten aufrechterhalten werden.
- Es gibt lokales Bestandsmanagement, aber keine durchgängige Bestandstransparenz in der Gesamtprozesskette.

Netzwerkmanagement umfasst die zielgerichtete Auswahl, Entwicklung und Steuerung von Lieferanten. In Netzwerke steuern Serienhersteller ihr Know-how ein, um es über der gesamten Prozesskette zu behalten. In Netzwerken wird Wissen geteilt und gleichzeitig zu beiderseitigem Nutzen gemehrt. Und in Netzwerken gibt es idealerweise nur noch Wertschöpfungspartner.

Wertschöpfungspartnerschaft

An einem Strang und in die gleiche Richtung ziehen, und zwar kooperativ und partnerschaftlich – dies sollte das neue Paradigma in der Zusammenarbeit, in der Kunden-Lieferantenbeziehung sein. Die Zeiten, in denen ein Unternehmen die „Oberhoheit" hat und sich Lieferanten einfach zu fügen haben, gehen ihrem Ende zu. Aber wir sagen bewusst „sollte": denn noch immer finden sich viele traditionelle Machtkämpfe und alte Denkmuster.

Strategischer Einkauf

Durch zunehmenden Wettbewerbsdruck sind Unternehmen heute stärker denn je gezwungen, ihre Wertschöpfungsketten zu analysieren und zu optimieren. Die Beschaffung stellt in diesem Zusammenhang einen wesentlichen Kostenblock dar, der im verarbeitenden Gewerbe bis zu 60 Prozent des Umsatzes ausmacht. Das Auffinden, die Auswahl und die Pflege der „richtigen" Lieferanten wird zum entscheidenden Wettbewerbsvorteil.

Collaboration

Dieses Stichwort meint gemeinsame Arbeit, meint gemeinsame Planung, meint Kommunikation. „Collaboration" war und ist ein umstrittener Begriff. Denn Collaboration heißt auch Transparenz, beispielsweise der Bestände oder Ressourcen. Damit machen sich Lieferanten angreifbar – je mehr sie von sich preisgeben. Deshalb lassen sie sich nur ungern in die Karten schauen. (Aber nicht nur die Zulieferer haben Probleme mit der Transparenz. Auch die Hersteller geben oft nur gezielt und portioniert Informationen an ihre Lieferanten weiter.)

Gemeinsam planen bedeutet, auch auf Engpässe der Zulieferer zu reagieren und eventuell von seinen eigenen Vorgaben abzurücken. Klingt plausibel, ist aber schwierig zu realisieren, was sich an einem Zahlenbeispiel verdeutlichen lässt: Nehmen wir an, ein Hersteller hat 1000 Zulieferer. Bei ihnen gibt es im Schnitt bei 10 Zulieferern (= 1%) an jedem Tag ein Problem. Reagiert nun der Hersteller auf diese Probleme, so muss er die Kommunikation mit seinen Zulieferern vervielfachen, da nach jeder Änderung der neue Plan in das Zuliefernetz gespielt werden muss. Im ungünstigsten Fall werden 10 Pläne übermittelt, da der Engpasslieferant seine Probleme erst als letzter angibt.

Komplexitätsentwicklung und „Lieferantenreduktion"

Die Komplexität hat sich erhöht, keine Frage. Gründe dafür sind Globalisierung (Kundenvielfalt), die Zunahme an Projekten, Variantenausweitung, komplexere Herstellprozesse.

Komplexität muss reduziert werden. Aus diesem Grund vereinigen Serienfertiger in ihrem Netzwerk ihre Kompetenzen mit den spezifischen Kernkompetenzen strategischer

Partner. Erfolgreiche Unternehmen konzentrieren sich auf ihre Kernkompetenzen und sichern die Produktentwicklung beispielsweise über Entwicklungspartnerschaften ab.

Diese Entwicklung hat in der jüngsten Vergangenheit zu einem Effekt geführt: einer Reduktion der Lieferanten. Denn Hersteller reduzieren den Kreis ihrer Zulieferer radikal. Nach dem Prinzip des „Single Sourcing" streben sie langfristige Partnerschaften mit besonders leistungsfähigen Teile- und Systemlieferanten an. Für Lieferanten bedeutet dies einen verschärften Wettbewerb.

Um als Zulieferer in den Kreis der Stammlieferanten aufgenommen zu werden, sind niedrige Preise nicht (mehr) der allein ausschlaggebende Faktor. Denn die dominierende Frage lautet: Ist der Lieferant fähig, den eigenen Anlauf- und Herstellungsprozess mit dem Beschaffungsprozess des Kunden so zu verknüpfen, dass ein kontinuierlicher Materialfluss möglich wird?

Es ist wahrscheinlich nicht zu viel gesagt: Eine Voraussetzung, um in die nähere Auswahl zu kommen, ist die Fähigkeit, seinen Kunden auf deren Märkten zum Erfolg zu verhelfen. Ausschlaggebend sind damit sicherlich auch die innovativen Fähigkeiten eines Zulieferers. Der muss sich bei seiner Produktentwicklung daran orientieren, welche Bedürfnisse bei den Kunden seiner eigenen Kunden zu decken sind.

Hersteller bevorzugen die Zulieferer, die ihnen immer wieder neue Impulse geben – beispielsweise bei der Weiterentwicklung ihrer Teile und Komponenten. Voraussetzung hierfür: Der Zulieferer muss gemeinsam mit dem Hersteller die Bedarfe des Kundenmarktes erforschen. Denn nur so kann die entsprechende Problemlösung entwickelt werden. Und er muss zuverlässig sein, keine Frage.

Integration qualifizierter strategischer Partner

Denken in ganzheitlichen Prozessen macht nicht vor Werkstoren Halt. Will man seine Lieferanten integrieren, so erfordert dies übergreifende Management- und Gestaltungsansätze, neue Konzepte zur Prozessoptimierung sowie durchgängige Abläufe und Verfahren im gesamten Produktlebenszyklus. Auf diesen wichtigen Punkt kam auch Ernst Baumann, Vorstandsmitglied der BMW AG, (Baumann 2002) zu sprechen, als er 2002 bei einem Vortrag sagte: „Was wir für einen solchen Beschaffungsprozess vor allem brauchen, ist die eigene Kompetenz, Zulieferer in unsere Prozesse zu integrieren. Die Zulieferer müssen deshalb genauso wie die Hersteller entscheiden, in welchem Umfang sie sich spezialisieren und bestimmte Segmente bedienen. Auch ein dynamischer Markt bietet nicht immer exakt das, wonach wir suchen. Lösungen und Entscheidungs-Freiräume werden dann dadurch geschaffen, dass beide Partner, die Zulieferer wie wir als Hersteller, ihre Eigenleistung flexibel definieren. Dafür muss jedes Unternehmen wissen, wo seine Ressourcen liegen und seine Kernkompetenzen." Ergänzend wollen wir anmerken, dass es sicherlich elementar wichtig ist, auch die Kernprozesse zu beherrschen. Und weiterzuentwickeln.

Das Ziel der Integration lautet, die Zusammenarbeit im Netzwerk zu optimieren – und zwar durch eine integrativere Gestaltung des kompletten Wertschöpfungsnetzwerkes. Daraus ergibt sich wiederum eine Reihe von Forderungen:

- Prozesse müssen optimiert werden.
- Information und Kommunikation müssen verbessert werden – gerade unternehmensübergreifend. Hat man jedoch seine Lieferanten bestimmt und in den Prozess eingebunden, hat man die Grundlage für die Kommunikation geschaffen. Kommuniziert werden muss, wozu sie eingesetzt sind, welche Leistung sie zu erstellen haben. Auf diese Weise nämlich beugen Sie Missverständnissen vor, und der Weg für eine ständige Verbesserung dieser Schnittstelle ist frei. Indem Sie sich mit Ihren Lieferanten abstimmen, können Sie die Qualität sichern.
- Aufgaben- und Kompetenzverteilung müssen optimiert werden.
- Das Innovationspotenzial im Netzwerk muss besser genutzt werden.
- Die Effizienz des Entwicklungsprozesses muss gesteigert werden.
- Das Änderungsmanagement muss dringend professionalisiert werden. Denn Änderungsmanagement ist unternehmensintern bereits eine gewaltige Herausforderung – und noch mehr, wenn es um einen unternehmensübergreifenden Ansatz geht.

Das dringliche Thema Änderungsmanagement wollen wir an dieser Stelle noch einmal herausgreifen und am Beispiel von DaimlerChrysler zeigen, welche Maßnahmen ein großer Automobilkonzern am April 2004 begonnen hat umzusetzen.

 Seit dem 1. April 2004 wird bei DaimlerChrysler ein neues Konzept sukzessive umgesetzt. Der Name: „Neues Änderungsmanagement Serie". Das Ziel: die Zahl der Änderungen in der Serie zu reduzieren – und zwar drastisch. „Drastisch" meint: 50 Prozent weniger einfließende Änderungen in der Serie, um die Effizienz der Prozesse zu erhöhen. Außerdem will man dort künftig Änderungen „auf Zuruf" (lies: ohne Entscheidung) verhindern – indem alle Änderungsvorhaben einen standardisierten und für alle verbindlichen Genehmigungsprozess durchlaufen.

Wie hat man sich diesen vorzustellen? Nun: Ein Mitarbeiter muss zunächst einmal sein Änderungsvorhaben mit dem jeweiligen Centerleiter abstimmen. Erst nach dessen Genehmigung startet ein zweistufiger Freigabeprozess, in der die Vertreter aus den beteiligten Fachbereichen das Änderungsvorhaben gemeinsam prüfen und zur Ausarbeitung bzw. zur Umsetzung freigeben. Änderungen, die grundsätzlich Sinn machen, in einer speziellen Baureihe aber nicht realisiert werden sollen, werden in einem Ideen-Archiv zurückgehalten. Sie werden in einem Folgeprojekt umgesetzt. Änderungen von höchster Dringlichkeit fließen über einen so genannten „Bypass" direkt in die Produktion ein. Alle anderen werden auf Basis von acht Änderungskategorien zu Paketen zusammengefasst und zu festgesetzten Terminen realisiert.

Diese Termine werden für jede Baureihe bzw. für jedes Aggregat in der Lifecycle-Planung festgelegt. Direkt nach Job No. 1 und nach einer Modellpflege ermöglicht eine Optimierungsphase, die Qualität im Hochlauf zu stabilisieren. Außerhalb dieser Phasen sind Änderungen nur zum Änderungsjahr, zur Modellpflege und zu den jährlichen drei branchenübergreifenden Releases möglich. In einem Release werden bestimmte Änderungsmaßnahmen zusammengefasst und zehn Wochen vor dem Serieneinsatz im Paket am Fahrzeug getestet. Lieferanten müssen deshalb bereits vier Monate vor der Release-Umsetzung ihre Umfänge liefern, damit diese termingerecht freigegeben, bemustert und getestet werden können.

„Lieferantenentwicklung" – nur ein schönes Schlagwort?

Das denken wir nicht. Aber was steckt genau dahinter? Um es zunächst etwas formelhaft zu sagen (siehe Abb. 7):

Abb. 7: Was ist Lieferantenentwicklung?

 Ernst Baumann, Vorstandsmitglied der BMW AG, betonte auf einem Vortrag 2002, „dass es für die BMW Group von größtem strategischen Vorteil ist, die weltbesten Zulieferanten vor der Haustür zu haben. Die Zahlen offenbaren zweitens unsere Philosophie, ganz gezielt an Mittelständler zu gehen – denn gerade für kleinere Produktionsvolumina und Nischenmodelle sehen wir dort ideale Partner: Die Beschaffung verstehen wir als einen gestalterischen Prozess, bei dem die Mannigfaltigkeit des Angebots erwünscht ist und trotzdem klar erkennbar bleibt, in welchen Bereichen wir einkaufen. Dafür streben wir die systematische Lieferantenentwicklung an." (Baumann 2002)

Lieferantenauswahl

Unternehmen müssen zunächst einmal Lieferanten auswählen und dann deren Leistung permanent qualitativ und quantitativ bewerten, um Transparenz über die erbrachten Leistungen und die strategische Bedeutung der Lieferanten zu erhalten.

Es gibt unzählige Tools, um Lieferantenbewertungen erstellen, verwalten und auswerten zu können. Dabei werden sowohl *Softfacts* (z. B. Innovationskompetenz, Kooperationsbereitschaft u.a.m.) als auch *Hardfacts* (z.B. Liefertreue, Lieferfähigkeit aus ERP-Systemen) gemeinsam berücksichtigt und gewichtet bewertet. Auf diese Weise erhalten Unternehmen ein objektives und umfassendes Leistungsprofil – beispielsweise in Form einer Supplier Balanced Score Card des Lieferanten, um Leistungsverläufe, Lieferantenvergleiche, Wettbewerbs- und Portfolioanalysen durchführen zu können.

Unternehmen müssen im Rahmen der ISO 9000-Forderungen ihre (Unter-)Lieferanten bewerten. Dies kann im Rahmen eines Lieferantenaudits geschehen oder auch „am Schreibtisch" aufgrund der Dokumente, die vorliegen. Die Kriterien der Bewertung bleiben jedem Unternehmen überlassen. Sie können einschließen: Liefertreue, Produktqualität, Bonität, QM-System etc.

Lieferantenaudits dienen der Lieferantenauswahl und -bewertung. In der Regel sind sie eine Mischung aus Produkt- und Systemaudits. Produkt-Audits sind sie insbesondere deshalb, weil der Kunde nach den Abläufen und Risiken der Prozesse fragt, mit denen seine Aufträge gefertigt werden. Systemaudits sind sie gleichzeitig, weil anhand der Stichprobe dieser Produkte immer auch die Gesamtorganisation betrachtet wird.

Auf dieser Grundlage treffen Unternehmen die richtigen Entscheidungen zur Lieferantenauswahl und -entwicklung und wenden optimale Verhandlungsstrategien an. Anhand der Bewertungsergebnisse identifizieren Unternehmen gezielte Maßnahmen zur Lieferantenentwicklung und optimieren ihren Lieferantenstamm, indem „Low Performer" ausgesiebt werden.

Echtes Kennenlernen setzt aber ein langfristiges Zusammenarbeiten, sprich: Partnerschaften, voraus. Dies muss das Ziel sein. Von daher kommen wir zum zweiten Punkt:

Lieferantenförderung

Die Lieferantenbewertung wird häufig interdisziplinär durchgeführt – neben dem Einkauf nehmen auch die Entwicklung, die Qualitätssicherung, die Logistik und das Engineering teil. Erscheint ein Lieferant geeignet, wird er für das Projekt freigegeben. Erhält ein Zulieferer aufgrund eines Risikos nur eingeschränkt grünes Licht, tritt die präventive Lieferantenförderung in Aktion, die gemeinsam mit dem Lieferanten Maßnahmen vereinbart, um das Risiko zu minimieren und ihn bis zum SOP (Start of Production) fit zu machen. Dabei werden die Lieferanten befähigt, die Versorgungssicherheit zu gewährleisten und die ppm-Vereinbarungen beim Serienanlauf einzuhalten.

Dies ist aber noch nicht gängige Praxis – weder in der Automobilindustrie, noch in anderen Branchen. „Das Ziel sollte sein, gemeinsam mit allen betroffenen Zulieferern präventiv zu agieren, um Versorgungsprobleme zu vermeiden und nicht nur darauf zu reagieren. Die Funktion der Lieferantenentwicklung und -ertüchtigung müsste einen größeren Stellenwert erhalten." (26. April 2004 in Automobilwoche 9, S. 21) Statt Lieferanten präventiv zu entwickeln, findet in der Praxis häufig etwas ganz anderes statt: Der Disponent „hat wie eh und je die Aufgabe, die Abrufe termingerecht einzutreiben. Dabei zählt lediglich das Kriterium, die geforderten Mengen zum geforderten Termin'. Wenn die Belieferung nicht funktioniert, wird die Machtstellung ausgespielt und beim nächsten Mal läuft alles wieder wie geschmiert. Dieser Druck erzeugt einerseits Hektik und andererseits Gegendruck … Wünschenswert wären verstärkte Anstrengungen im Bereich der präventiven Lieferantenentwicklung nicht nur für die 1st Tiers, sondern auch in weiteren Stufen kritischer Lieferketten." (26. April 2004 in Automobilwoche 9, S. 21)

Im Serienbetrieb kann man dann von einer nachgelagerten „optimierenden / stabilisierenden" Lieferantenentwicklung" sprechen. Jetzt werden wichtige Logistikkenngrößen überwacht. Spezielle Eskalations- und Deeskalationsmodelle bewirken eine kontinuierliche Prozessverbesserung. Und es ist Methodenschulung angesagt, beispielsweise in Sachen FMEA oder Wertanalyse.

Die Aufgaben – heute und künftig

In einigen Unternehmen gibt es Lieferantenentwickler, die in dieser Funktion den gesamten Produktlebenszyklus eines oder mehrerer Produkte begleiten. Entsprechend reichen die Aufgaben von der Qualitäts-Vorausplanung und der Entwicklung optimaler Prozesse über die Bewertung von Lieferanten und die Unterstützung der Lieferanten beim Erreichen der Ziele bis hin zur Erarbeitung von Korrekturmaßnahmen und deren Umsetzung bei Mängeln in der Serie.

Basierend auf den Kenntnissen der aktuellen Lieferantenleistung vereinbaren sie Ziele und Maßnahmen zur Optimierung. Durch Dokumentation, Transparenz für Prozessbeteiligte und Fortschrittskontrolle stellen sie nachhaltige Zielerreichung und somit die Realisierung der Optimierungspotenziale sicher.

Eine strukturierte Lieferantenentwicklung führt zur konsequenten Optimierung des Lieferanten und zu nachhaltigen Ergebnissen. Durch eine gezielte Lieferantenentwicklung profitieren Serienhersteller bei Preis, Qualität, Logistik und Technologie. Sie eliminieren „Low-Performer" und fördern „High-Performer" in ihrem Lieferantenstamm und stellen nachhaltig die Realisierung von Kostensenkungspotenzialen sicher.

Auf diesem Gebiet liegt sicherlich noch Vieles im Argen – und wir sind sicher, dass es hier künftig noch viel zu tun gibt.

Autorenverzeichnis

Dr.-Ing. Andreas Romberg ist Partner der Staufen Akademie Beratung und Beteiligung AG und Geschäftsfeldleiter für den Bereich Anlaufmanagement. Er studierte Maschinenbau (Fertigungs- und Feinwerktechnik) und promovierte im Bereich Betriebsorganisation. Anschließend startete er seinen beruflichen Werdegang in der Kfz-Zulieferindustrie. Über mehrere Stationen (bei der Robert Bosch GmbH, der Mannesmann VDO AG sowie SVS Germany GmbH & Co. KG) nahm er verschiedene Funktionen mit Produktionsverantwortung bis hin zur Werksleitung wahr. In mehr als elf Jahren lernte er „vor Ort" und im Detail die verschiedenen Problemstellungen bei Neuanläufen kennen.

Als Berater arbeitet er nun mit verschiedenen kleinen, aber auch großen Unternehmen zusammen und unterstützt sie dabei, tragfähige und präventiv wirkende Anlaufmanagementsysteme zu installieren. Das Ziel: den stetig steigenden Anforderungen in diesem Bereich gerecht zu werden. Dabei bringt er seine Erfahrungen sowohl in Troubleshooting-Anwendungen um den SOP als auch in Präventionsansätzen ein.

Die Praxis zeigt: Es hat sich bewährt, unternehmensspezifische Standards und einfache, aufeinander abgestimmte Methoden im Anlaufmanagement konsequent zu nutzen. Denn nur so lässt sich der Produktentstehungsprozess als bedeutender Geschäftsprozess stabilisieren.

Dipl.-Ing. Martin Haas ist Gründer und Vorstand der Staufen Akademie Beratung und Beteiligung AG. Nach dem Studium des Maschinenbaus in Stuttgart war er in Führungsverantwortung bei der DaimlerChrysler AG tätig. Dort wurden unter seiner Produktionsverantwortung wesentliche Konzepte schlanker Produktionssysteme erfolgreich in die Praxis umgesetzt.

Weitere Erfahrungen sammelte er beim Fraunhofer Institut für Arbeitswissenschaft und Organisation (IAO) in zahlreichen nationalen und internationalen Planungs- und Restrukturierungsprojekten.

Als freier Berater und Mitarbeiter international renommierter Unternehmensberatungen widmete er sich vor allem den Themen „Strategische Unternehmensausrichtung" und „Ganzheitliche Wertschöpfungssysteme".

1994 gründete er mit seinem Partner Ralf Stokar von Neuforn die Staufen Akademie Beratung und Beteiligung AG. Seine Beratungsschwerpunkte sind auch hier Strategische Unternehmensentwicklung, Wertschöpfungsexzellenz und die Ausarbeitung Internationaler Standortkonzepte.

Die Staufen Akademie-Gruppe ist heute ein Beratungsunternehmen mit 45 Mitarbeitern und vier mittelständischen Tochterunternehmen.

Abkürzungsverzeichnis

AKV	Aufgaben, Kompetenzen, Verantwortung
AMS	Anlaufmanagementsystem
BeMi	Betriebsmittel
CCPM	Critical Chain Project Management
EK	Einkauf
EW	Entwicklung
FAST	„Future Automotive Industry Structure 2015" (Studie)
FMEA	Failure Mode and Effects Analysis
KVP	Kontinuierlicher Verbesserungsprozess
LOP	Liste offener Punkte
LSV	Leistungsschnittstellenvereinbarung
OEM	Original Equipment Manufacturer
PDCA	Plan, Do, Check, Act
PEP	Produktentstehungsprozess
PER	Projektergebnisrechnung
PermaKalk	permanente Kalkulation
QFD	Quality Function Deployment
QP	Qualitätsplanung
RKM	Regelkommunikation
RPZ	Risikoprioritätszahl
SCM	Supply Chain Management
SOP	Start of Production
SQA	Supplier Quality Assurance
WFMS	Workflow-Managementsystem
WZ	Werkzeug
ZDF	Zahlen, Daten, Fakten

Literaturverzeichnis

Acker, Sigmund: Gesamtstückkosten entscheiden über den Einkaufserfolg. In: Industrieanzeiger Nr. 1/2 vom 7.1.2003, S. 31.

Acker, Sigmund: Vom Einkäufer zum Gesamtkostenmanager. In: PRODUKTION vom 28. August 2003, S. 26.

Bieta, Volker; Milde, Hellmuth; Kirchhoff, Johannes; Siebe, Wilfried: Risikomanagement und Spieltheorie. Galileo Press: Bonn 2002.

Best, Eva und Weth, Martin: Geschäftsprozesse optimieren. Der Praxisleitfaden für erfolgreiche Reorganisation. Frankfurt am Main: Gabler Verlag 2003.

Bungard, Walter und Hofmann, Karsten: Innovationsmanagement in der Automobilindustrie. Beltz / Psychologie Verlagsunion: Weinheim 1995.

Celerant Consulting: Automobilindustrie quo vadis? Reihe „Perspectives of Manufacturing Industries", o. Jahresangabe.

Celerant Consulting: Die Chancen in der Automobilindustrie. Executive Summary. Februar 2003.

HypoVereinsbank / Mercer Management Consulting: Automobiltechnologie 2010. Technologische Veränderungen im Automobil und ihre Konsequenzen für Hersteller, Zulieferer und Ausrüster. o. Jahresangabe.

Kessler, Heinrich und Winkelhofer, Georg: Projektmanagement. Springer: Berlin 2004.

Kuhn, Axel und Hellingrath, Bernd: Supply Chain Management. Optimierte Zusammenarbeit in der Wertschöpfungskette. Berlin, Heidelberg, New York: Springer 2002.

Kühnle Institut für Logistik an der Universität St. Gallen (KLOG/WZL 2004): Seminar Anlaufmanagement in der Automobilindustrie, Stuttgart, 23. September 2003.

Kurek, Rainer: Erfolgsstrategien für Automobilzulieferer. Wirksames Management in einem dynamischen Umfeld. Berlin, Heidelberg, New York: Springer 2004.

Laick, Thomas: Hochlaufmanagement – Sicherer Produktionshochlauf durch zielorientierte Gestaltung und Lenkung des Produktionsprozesssystems. FBK Produktionstechnische Berichte. Lehrstuhl für Fertigungstechnik und Betriebsorganisation. Band 47. Dissertation 2003. Universität Kaiserslautern.

Mercer Management Consulting und Fraunhofer Gesellschaft: Future Automotive Industry Structure (FAST) 2015 – die neue Arbeitsteilung in der Automobilindustrie. Herausgegeben vom Verband der Automobilindustrie (VDA) in der Reihe „Materialien zur Automobilindustrie", Nr. 32. Frankfurt a.M. 2004.

Pande, Peter S.; Neumann, Robert P.; Cavanagh, Roland R.: Six Sigma erfolgreich einsetzen. Marktanteile gewinnen. Produktivität steigern. Kosten reduzieren. Landsberg/Lech: Verlag Moderne Industrie 2001.

Risse, Jörg: Schneller im Produktanlauf. In: DVZ Nr. 124 (19. Oktober 2004), S. 13.

Risse, Jörg: Time-to-Market-Management in der Automobilindustrie. Ein Gestaltungsrahmen für ein logistikorientiertes Anlaufmanagement. Dissertation. Schriftenreihe Logistik der Kühne-Stiftung. Band 4. Bern: Haupt Verlag 2003.

Scharer, Michael: Quality Gate-Ansatz mit integriertem Risikomanagement. Dissertation 2001. Institut für Werkzeugmaschinen und Betriebstechnik Universität Karlsruhe (TH).

Schmelzer, Hermann J. und Sesselmann, Wolfgang: Geschäftsprozessmanagement in der Praxis. Kunden zufrieden stellen, Produktivität steigern, Wert erhöhen. 2. vollständig überarbeitete Auflage. München, Wien: Carl Hanser Verlag 2002.

Schwendner, Raimund: High Value Management. Spitzenerfolge durch innovatives Lernen, Coachen, Führen. Wiesbaden: Gabler Verlag 2002.

Spath, Dieter (Hrsg.): Ganzheitlich produzieren. Innovative Organisation und Führung. Stuttgart: LOG_X Verlag 2003.

Techt, Uwe: Schieflage in's Lot bringen. Critical-Chain-Projekt – Potenziale in Konstruktion und Abwicklung. In: KEM. September 2004, S. 20.

Techt, Uwe und Lörz, Holger: Projektmanagement – Mit der Critical Chain Methode die Projektlaufzeit entscheidend verkürzen. In: Der Controlling Berater, Heft 1, Januar 2005, Haufe Verlag.

Töpfer, Armin: Business Excellence. Wie Sie Wettbewerbsvorteile und Wertsteigerung erzielen. 1. Auflage. Frankfurt am Main: Frankfurter Allgemeine Zeitung GmbH 2002.

Welge, Martin K. und Peschke, Michael A: Managementtrends 2004. Die besten Praxislösungen. Wiesbaden: Gabler, GWV Fachverlage GmbH 2003.

Stichwortverzeichnis